進化するエネルギービジネス

100％再生可能へ！ポストFIT時代のドイツ

著　村上敦
　　滝川薫
　　西村健佑
　　梶村良太郎
　　池田憲昭

はじめに

　90年代後半からデンマークやドイツなど欧州各地ではじめられた再生可能エネルギーの大推進は、四半世紀を経過して、すでに世界的な傾向として顕著になっている。近年では国民総生産の規模でトップのアメリカ、それに続く中国が再エネの大量推進国として、とくに太陽光発電、風力発電の分野では世界をリードするまでになっている。

　日本でも野立ての太陽光発電が大量に設置されるようになった。今後も、太陽光発電、木質バイオマス発電、風力発電という3つの技術を中心に設置が続いてゆくだろう。

　本書ではそうした社会状況が続けられる際に、日本では問題として頻繁に取り上げられるようになった以下のポイント二つに対して、ドイツを中心とする欧州中部における知見から回答してゆくことを試みる。

1. 日本における再生可能エネルギーのポテンシャル（賦存量）で圧倒的なのは太陽光発電、風力発電という二つの変動性再エネ（VRE：Variable Renewable Energy）と呼ばれる技術である。これらを大量に設置した場合、天候などに左右されるため、電力需要と供給を調整するのが困難になる。VREを大量に導入することに決め、順調に設置量を伸ばしているドイツなどの欧州の国では、どのような形の解決策が模索されているのか？

2. 変動性再エネ（VRE）の特徴の一つは、小規模分散型であり、原子力や火力発電などの一極集中型のエネルギー供給構造を持たない。したがってVREを大量に普及させるということは、国土に、居住地の中に、あるいは自然の中に、このVREという工業施設を面状に設置してゆくことを意味する。その際、居住エリアを取り囲んでいる自然の持つ各種

> の機能（景観機能、防災機能、自然保護機能など）と対立することになる。あるいは居住地には不釣り合いな工業施設が設置されることになる。VREをすでに大量に導入しているドイツなどの欧州の国では、その対立をどのように治めているのか？

　また、日本の野立ての太陽光発電は、「FIT」（Feed-in Tariff）と呼ばれる再生可能エネルギー電力の固定価格での買取制度によって普及した。この「FIT」での推進には賞味期限があるとの認識で欧州諸国の見解は一致しており、例えば現在のEUにおける再エネ推進は、FITとは別の制度で推進してゆくようになっている。同時に日本でも徐々に世界的な傾向に追いつこうと、電力事業の自由化、および電力取引市場の整備がゆっくりとしたペースではあるがはじまり、2020年には発送売電の事業分離が実施される予定となっている。

　そうした社会的背景において、

> 3．「ポストFIT」と呼ばれるドイツの制度がどのようなものになっているのか？
> 4．その「ポストFIT」によって生まれだした新しいビジネスにはどのようなものがあるのか？

という2点について日本の読者に新しい情報として取りまとめてお届けすることは、日本の「FIT」によって再エネ推進をはじめた企業、団体、自治体、個人にとって有意義なことだと著者たちは考えている。

　本書は以上の4点に対して有意義な情報提供をしようと、ドイツや欧州の再生可能エネルギー推進の現場をよく知る現地在住のジャーナリストや実務者による丁寧な取材によって執筆された。

　なお、本書は『100％再生可能へ！』という前著2冊の後続本として執筆された。もし、前著をお読みになられたことがない方で、より深く、欧州の再生

可能エネルギー推進の現場やビジネスを知りたい方がおられたら、以下の書籍も参考にしていただければ幸いである。
・『100％再生可能へ！　欧州のエネルギー自立地域』（学芸出版社、2012年）
・『100％再生可能へ！　ドイツの市民エネルギー企業』（学芸出版社、2014年）

　　　　　　　　　　　　　　　　　　　2017年10月　著者一同代
　　　　　　　　　　　　　　　　　　　　　　　　村上　敦

目 次

はじめに 2

第1部　再生可能エネルギーと自然保全の共存
〜持続可能な再生可能エネルギーとなるために

1章　日本における再エネ開発の問題と改善のための手がかり .... 村上　敦　8
  1-1　日本のFIT制度の問題点
  1-2　ドイツの市民エネルギー、日本の大手資本エネルギー
  1-3　ドイツの都市計画などの法規制と再エネの推進
  1-4　風力発電の開発と自然保護・景観保全の規定

2章　再生可能エネルギーと自然保全の両立 .... 滝川薫・池田憲昭　32
  2-1　自然促進型の太陽光発電施設のデザインと管理
  2-2　風力発電と自然・景観保護
    2-2-1　自然保護と協働する風力発電
    2-2-2　風力発電と景観
  2-3　木質バイオマスエネルギーに関する考察
  2-4　農業型バイオガスと持続可能な発酵原料の追求
  2-5　水力利用と河川の再自然化政策の両立

第2部　「ポストFIT」のエネルギーヴェンデの新ビジネス
〜ドイツにおける再エネの電力システムへの統合

3章　安価な再エネ電力の直接消費によるビジネス .... 村上敦・滝川薫　82
  3-1　FITからFIPへ〜直接販売と入札制度への移行
  3-2　太陽光からの電力を自家消費するためのサービス
  3-3　賃貸人電力　〜都市の貸借人にも太陽光の恩恵を
    3-3-1　集合住宅における貸借人電力
    3-3-2　街区電力　〜エリアまるごと電熱併給

4章　ドイツの直接販売業とVPPのビジネス .... 梶村良太郎　117
  4-1　コンビクラフトヴェルク研究プロジェクト
  4-2　直売業者とバーチャル発電所（VPP）の市場
  4-3　バーチャル発電所（VPP）の事例

5章　ドイツの系統柔軟化に関わる市場とビジネス……………西村健佑　152
　5-1　系統柔軟化の総論
　5-2　住宅向け蓄電池
　5-3　大型蓄電池
　5-4　デマンドサイドマネジメント
　5-5　Power to Heat（パワー・トゥ・ヒート）、Power to Gas（パワー・トゥ・ガス）

6章　セクターカップリング～エネルギーヴェンデを完結させるための戦略
　………………………………………………………村上敦・滝川薫　195
　6-1　セクターカップリングとは？～100％再エネ実現のためのキーワード
　6-2　ドイツのセクターカップリングのシナリオ
　6-3　セクターカップリングにおける課題と今後について

おわりに………………………………………………………………………… 224
著者プロフィール……………………………………………………………… 225

▶第1部
再生可能エネルギーと自然保全の共存
〜持続可能な再生可能エネルギーとなるために

1章
日本における再エネ開発の問題と改善のための手がかり

村上　敦

1-1　日本のFIT制度の問題点

　再生可能エネルギーによる電力の固定価格買取制度（FIT）が日本においても、2012年7月からスタートした。再エネを推進してきたドイツをはじめとする100近い国・地域に続いた形となった。しかし日本の制度設計は、本書で説明してゆくドイツのFIT制度と比較して、様々な力学が働いたことによって、現実に再エネを設置してゆく際に数多くの問題が生じるような内容となった。

　とりわけ欧州各国よりもおよそ10年遅れでスタートしたにもかかわらず、欧州で過去に問題が発生し、それを解決した改善の経験は、制度の中には考慮されていないように見える。

　本節ではまずドイツを中心とする欧州各国のFIT制度と日本のそれの比較を行う。

①　再エネの優先接続が原則として保証されていない

　欧州のFIT制度では再エネの優先接続がほぼすべての国で原則保証されている。また、送電線への接続のルールとコスト負担が明瞭であるため、あるいは明瞭にするための努力を常に進めてきたため、再エネを設置しようとする事業者は個々のリスクをある一定程度に引き受けたうえで、再エネ施設の建設を開始し、再エネが発電開始した時点でFIT制度による買取価格を享受できるような仕組みになっている。

　しかし日本では、いまだに送電事業／発電事業／小売り事業がアンバンドリング（分離）されていない旧一般電気事業者（電力大手10社）の意図によって、特別措置法第5条によって「技術的理由」を根拠に接続を拒否できることになっている。また、送電線への連系と接続費用負担についてのルールも確立されているとはいえず、再エネを設置したい申請者はそもそも接続されるのかどうか、あるいはそのコストはいくらぐらいになるのか、などに確たる見通しを持てない。

　したがって次の②の理由と合わさって、「とりあえず再エネ設置を申請しておき、買取価格と系統連系の権利を得て、その後に、電力大手の言い値に近い

高額な系統連系コストの費用見積もりを入手し、それからはじめてその事業についての実現性を考える」という方式になっている。

② **認定時に買取価格が決まる**

再エネの優先接続が原則保証されない、連系におけるルールやコストが確立されていない、という問題が内包された制度であるため、いつの時点で買取価格が決められるのか、という原則を世界的に見ても稀な「認定時に確定する」という形にしている。

FIT制度は再エネの「設置」を迅速に促すことが目的であり、迅速に「認定」を出すための制度ではないし、再エネ事業者に対して高すぎる利回りの確定を保証するためにあるのでもない。ドイツに限らず、ほとんどの国の固定価格買取制度では、発電開始時点ではじめて買取価格が確定する。

この「認定さえ取得すれば買取価格が確定する（＝利回りが予測可能）」という日本のFIT制度は、とりわけ太陽光発電において、いわゆる地上げ屋などと呼ばれる事業形態者が、土地の賃借権利と認定権利を取得し、それを（自身の利益を乗せて）売り飛ばす、土地付きFIT権利の転がし事業が行われるような隙を作ってしまった。

それによって、莫大な量がFIT認定量として積みあがっているが、それがそもそも現実に設置されるのかどうか、そしていつ設置されるのか、ということについて、担当官庁である経済産業省であっても把握できない、将来の見通しを持たない、という問題を生んでいる。

③ **再エネ発電の規模を一切考慮しない**

通常、ドイツに限らずどの国においても、再エネ設備をそれぞれの地域の事情に合わせた形で、小さなものから大きなものまで分散的に推進するために、それぞれの再エネの種類と発電出力の規模に応じて、細かく買取価格が設定されている。当然、大規模なものは安価に、小規模なものはそれよりは高価にという設定だ。

しかし日本では、「安価な再エネから推進してゆくためには、再エネの種類や規模の大小は関係ない」という原理主義的な声がとりわけ経済産業省では根

強く、最終的にはそれぞれの発電種類ごとに異なる買取価格は考慮されたものの、規模の大小での価格差は考慮されなかった。

結果は火を見るよりも明らかで、とりわけ太陽光発電、および木質バイオマス発電の分野で、地域の身の丈を超えるような、巨大規模のものが数多く設置、あるいは認定されることになった。

例えば、ドイツでは2000年に策定されたFIT制度では、5MW出力を超える太陽光発電は適用外になっており、野立てについてはわずか100kWを上限としていた。その後の改正でこの上限はいったん外されたが、2014年からは再び10MW出力以上分の太陽光発電設備は買取の適用から外されている（バイオマス発電についても、最初は5MWを上限として、途中から出力の上限20MWが定められている）。

日本では10MWはおろか、100MWを超えるような巨大規模の太陽光発電や木質バイオマス発電までが市民の電気料金への上乗せ負担である賦課金で設置されている。

また、その買取価格は世界的に見ても、ドイツとの比較でも飛びぬけて高く、当初意図したはずの「安価なものから迅速に推進」という目的はいまだに達成されていない。

④ 飛び抜けて割高な買取価格の設定

これまでの欧州の経験では、とりわけスペイン、ドイツ、イタリアなどで、「太陽光バブル」と呼ばれるように一時期に集中的に（国のロードマップよりも飛び抜けたスピードで）再エネ施設が設置されることがあった。これは、市場における再エネ設備の設置価格が急落したにもかかわらず、買取価格の設定が高すぎて、莫大な利回りを生み出す環境が一時的に発生したことによる結果である。太陽光バブルが生じると、買取に必要な総額が膨らみ、国民の電力料金に上乗せされる賦課金負担が不必要に増大する。

日本では2012年にFIT制度がスタートした時には、調達価格等算定委員会によって業界団体などにおけるヒアリングを通じて、施工価格などを勘考し、買取価格が定められることになったが、その価格は「まだ全く推進されていない

が故の割高な施工価格」であり、「今後大々的に推進されることが決まった後に市場が生み出す、世界的な価格動向と整合性のとれた施工価格」ではなかった。

　ドイツをはじめとする世界価格との比較では、太陽光発電、風力発電、バイオマス発電などで2倍前後といった破格の買取価格が設定されたため、上述した欧州諸国と同じ轍を踏むように、「事業者には高すぎる利回りが舞い込むことから申請が処理しきれないほど積み上がり、その結果、割高な再エネを大量に推進した影響で、電気代に上乗せされる賦課金という国民負担が必要以上に高額になる」という問題をスタートから生み出し、今後20年間抱え続けることになった。

　とりわけ日本以外の国では、この高すぎる買取価格の問題は、その年に発電開始をした設備だけに適用されているため、設置量にも自ずと制限があり、見通しも立てられる。しかし、日本では認定を取得した時点での買取価格が適用されるルールであるため、とりわけ太陽光発電、木質バイオマス発電の分野で、途方もない規模の莫大な認定量が積みあがっており[1]、今後の見通しすら立たないでいる。これは将来世代に対する負の遺産である。

⑤　都市計画制度、森林・農地制度の不備
　そして、この章で詳しく説明してゆきたい、再エネの推進と都市計画制度、あるいは森林・農地に関係する法制度の不備である。

　こうした1～5の理由によって、2012年から17年までの間に、とりわけ太陽光発電で、同時に木質バイオマス発電と風力発電の分野で、地域住民の考える（許容できる）開発とはかけ離れた規模や手法の再エネ開発が全国津々浦々行われるようになってしまった（あるいは認定がすでに出されているので、今後もどんどん行われてゆく可能性がある）。

　「地域住民が許容できる開発とは何か」、といった定義は存在しないが、ドイツで一般的になっている開発の原則を取りまとめると、以下の二つのポイントに集約される。

1．景観保全や自然保護、災害防止対策が一定レベル以上で配慮されている
2．地域住民に再エネ設置による不利益を押し付けるだけではなく、市民出資などによって、地域住民に十分な利益も提供する

　ここは非常に重要なポイントなので、本章と次章でこのテーマについて考察を行いたい。

割高な負担のツケが国民に押し付けられる

　次ページのグラフで明らかなように、ドイツと比較して日本では、FIT制度が開始されてすぐの「買取価格が高い時点」で、買取制度の中でもっとも割高な太陽光発電を大量に設置してしまった。そのため、国民負担である賦課金は、再エネ全体の発電割合が低いにも関わらず、今後、非常に高いレベルで続けられることが確定している。

　FIT制度がスタートしてからの両国の買取価格の推移については、3-1にグラフを掲載したため、そちらも併せてご覧いただきたい。

　日本ではFIT制度スタートから5年目の2016年には、太陽光発電は累積出力で43GWの設置が進み、ドイツでは同じ容量の設置に3倍以上の時間である18年をかけている。ドイツの場合、それだけの期間、系統接続についてのルールの確立（数多くの裁判になり、連邦ネットワーク庁が監督機関となった）や買取価格の設定方式など制度の成熟化、そして技術革新、設備の施工信頼性の向上などに時間をかけて、太陽光発電設備の価格低下を図って推進してきた。

　この価格低下という果実があって、はじめて本書の第3章以降で紹介してゆく数々の新しい考え方やビジネスがはじまるようになっている。

　日本ではそうしたことが何も進まないまま、設置・認定容量だけがドンドンと積みあがっていった。ドイツなど欧州諸国の経験が10年以上積みあがっていた後で、同時にその努力によって世界的な太陽光発電の価格は十分に低下していたにもかかわらず、それらを考慮することなく、制度設計の拙さによって不必要に割高に推進してきたのが日本の固定価格買取制度である。

割高な買取価格によって、賦課金負担が割高になってしまったことの他にも、数々の問題が日本の再エネ開発には積みあがっている。「地域住民が許容できる再エネ開発とは何か」ということを考慮しながら、次節ではそれらを解説してゆく。

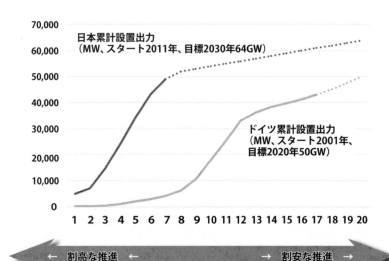

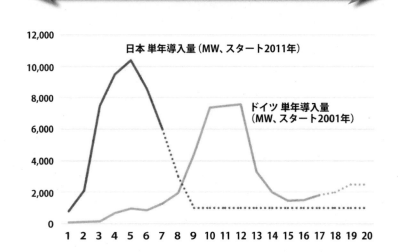

グラフ：日本とドイツの固定価格買取制度による太陽光発電の推進

※注１：ドイツの固定価格買取制度は2000年にスタートしたためグラフ横軸の開始時点である１年目は2001年にした。日本の固定価格買取制度は2012年にスタートしたため一覧表の開始は2011年とドイツの10年遅れとして比較した

※注２：2016年度までの数値は実績。ドイツの実績は連邦経済・エネルギー省の統計値、日本の実績は一つで信頼に足る資料が見当たらないので、経済産業省、電気事業者連合、自然エネルギー財団、環境エネルギー政策研究所などの公表値をもとに著者が概算で取りまとめた

※2017年以降のドイツは、ドイツ政府が策定している2020年の導入目標量、年間導入目標量と2017年の現況をもとに著者が推測値を、2017年以降の日本は、日本政府が策定している2030年の導入目標量64GW（＝全電力需要に対する太陽光発電の割合が７％）と2017年の現況をもとに著者が推測した

1-2　ドイツの市民エネルギー、日本の大手資本エネルギー

低密度なエネルギーを分散型で使いこなすためのハードル

　これまでの従来型エネルギー源と再生可能エネルギーのもっとも大きな違いの一つに、「エネルギー密度」の違いがあげられる。例えば石炭は、もともと太陽からの日射と水、大地の栄養と大気を利用し、大量の植物が気の遠くなるほどの時間をかけて光合成を行い、大気中の炭素を固定し、それが地球の長年の活動（地殻変動など）によって高密度化されたエネルギー源である。それに対して再エネは、そうした長年の時間軸による濃縮を利用するエネルギー源ではない。例えば太陽光発電とは、太陽からの日射をそのまま利用する。

　あるいは従来型のダム式水力発電は、長年の時間軸を濃縮した形のエネルギー利用ではなく、短期間の太陽エネルギーの活動によって蒸発し、循環する水の位置エネルギーを利用するものであるが、同じく短期間の太陽エネルギーの活動による空気の移動エネルギーを利用する風力発電とは、発電に利用できる媒体（水と空気）が異なる。同じ速度で、同じ体積の水と空気が発電タービンに圧力を与える際、比重の大きな水のほうが莫大なエネルギー量を提供する。

　つまり、産業革命を経た人類は、石油、ウラン、石炭、天然ガス、ダム式の大型水力といった、エネルギー密度の高いエネルギーを利用することによって、中央集権的なエネルギー供給を効率的に行ってきた。もし、これらを永続的に利用し続けることでも人間社会に大きな問題が生じないのであれば、これほど便利なエネルギー源は他には見当たらないため、他のエネルギー源を求める必要性はない。

　しかし、以下のような問題に見舞われるようになったことが知見、経験、エビデンスとして存在するため、人間社会の持続性のために世界的な流れとして再生可能エネルギー（太陽光発電、風力発電、小水力発電、バイオマス発電、地熱発電、潮力・波力発電など）の推進を行うようになった。

＜１＞　温室効果ガス排出による気候変動
＜２＞　資源の一部への集中から生じる問題（社会・国家間格差、奪い合い・

紛争・戦争）
＜3＞　資源の有限性と枯渇の問題、価格高騰の問題
＜4＞　人間の社会活動への危険・リスクの発生（事故、大気汚染、水質汚濁、放射線・放射性物質による汚染など）
＜5＞　自然破壊

　つまり、エネルギー利用の観点からは、これまでのような集中管理型では扱いにくいため分散型で、またエネルギー密度が低いために大量の面積を必要とする再エネを推進してゆくことで世界的に合意されるようになったわけだ。その際に重要なポイントとは、同じ発電量を確保するのに大量の面積を必要とするので、これまでのように発電所が設置されている一部の地域や、資源を採掘する一部の国や地域に、汚染や負担を押し付けるわけにはゆかなくなったことである。つまり、エネルギーを利用する人たちが日常生活や経済活動を行う近隣で、面状に、薄く広く汚染や負担を引き受けないことには再エネの推進は始まらない。

　ただし、上記で記した既存エネルギーの問題点のうち、とりわけ上記＜4＞の人間の社会活動への危険・リスクの発生、および＜5＞の自然破壊を、再エネといえども大きな規模で引き起こすような開発手法であれば、何のために再エネを推進するのかという意義は消滅してしまう。

　つまり、日本で多く見られるように山を切り開いて太陽光発電を設置したり、持続可能でない木材利用による木質バイオマス発電などを建設することは、大きく自然に爪痕を残す大型のダム式水力発電をさらに開発したり、天然ガスによる発電を続けてゆくことと比較して、自然や環境、人間社会に加わる負の圧力が変わらない、あるいはそれよりも悪化することにもなりかねない。

　　以下の対比を真摯に考慮するなら、その程度の発電量ならそれを相殺する省エネに投資するほうが理性的だったのでは、と思えてくる。

乱暴な再エネ開発と省エネ対策の規模の比較

(比較例1)
【再エネ開発】
- 2017年2月のわずか1カ月間で買取価格が改定される直前の駆け込みで認定された大型木質バイオマス発電(一般木質＝輸入材などがメイン)1,830MW出力(とりわけ10MW出力以上のものが多く、中には100MW出力以上のものも含まれる)
- 発電量＝1,830MW×8,760時間×80%(設備利用率)＝13TWH(日本の電力総需要840TWhの1.5%に相当)
- 概算必要木材量＝1,500～2,500万㎥のチップ(現在の日本の「総」木材生産量である2,500万㎥と同量程度を、わずか1.5%の電力供給のために燃やす必要がある→国内至る所の山林を禿山に切り散らかしても足りないため、違法伐採・乱伐を含む外材輸入やヤシガラが主体になる)
- 特徴＝巨大規模の木質バイオマス発電では、そこから得られる電力は使用できても、その余熱は十分に活用できないことがほとんどであり、熱効率はかなり低い

【省エネ対策】
- 日本中に普及している保温機能付きの電気ポットを、お湯を使用するときだけ、使用する分だけ沸かす電気ケトルに置き換えることで得られる省エネ効果は約6TWh
- 日本中にいまだに残っている15年以上経過している古い、燃費の悪い冷蔵庫の使用を禁止し、最新式の省エネ型冷蔵庫に置き換えることで得られる省エネ効果は約7TWh
- この2つを実施するなら、そもそも日本全国のすべての木材生産量と同じ量だけチップを焼却する木質バイオマス発電所は必要とされない

（比較例2）
【再エネ開発】
- 東京所在のエネルギー関連会社を中心に、地元とは全く関係のない外資が山形県飯豊町の山林620ha（水源地や土砂流出災害発生の恐れが高い森林保全地帯も含まれる東京ドーム130個分の敷地）を切り開き、大規模に造成して設置しようとしている国内最大級の200MW出力以上の太陽光発電
- 発電量200MW×8760時間×13％＝0.23TWh（日本の総電力需要の0.03％に相当）

【省エネ対策】
- 日本中で普及している暖房便座付きのトイレの暖房機能を、100世帯中2～3世帯程度の方がOFFにすると、そもそもこの太陽光発電所は必要とされない

市民による地域のエネルギー

　このように再エネは、ある一定の電力需要を賄おうとするとき、国土のいたるところに面状に、地域において何らかの汚染、負の圧力を加えることがあるため、一カ所にあまりにも巨大な設備が建設されたり、地域住民が望まない形であったり、自然破壊を引き起こす乱暴な開発であったり、という点について、細心の注意と十分な配慮によって進めなければならない。単に地球温暖化対策だからという建前を揚げていれば、どのような手法で再エネを開発しても良いという免罪符を与えられたわけではない。

　しかし同時に、これまでのように他所への汚染と負の圧力を一方的に押し付けてきた従来型のエネルギー源ではないため、NIMBY（Not In My Back Yard＝我が家の裏には御免）というスタイルも許されない。できるだけ公平に各地でその汚染と負の圧力を分け合って負担してゆく、そしてできる限りの配慮で汚染や負の圧力が生じない形で進めてゆく必要がある。

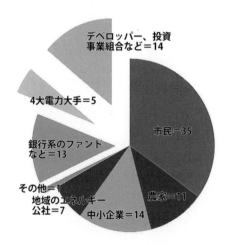

グラフ：2012年までに設置された再生可能エネルギー発電施設における所有者割合（設置出力に対して、出典：[Definition und Marktanalyse von Bürgerenergie in Deutschland], trend:research GmbH, Bremen 2013）

　しかし、日本においては、ほぼ同じ国土面積のドイツと同じ容量の太陽光発電を設置しただけで、すでに全国各地では大掛かりな反対運動が組織されたり、土砂災害などが発生しやすくなったり、自然破壊が大規模で行われるようになっている。ドイツではそこまでの事態は生じていない。その理由の一つは、左のグラフで説明できるはずだ。

　ドイツでは、その地域に居住する一般の市民、農家、中小企業、エネルギー公社などによって、すべての再エネ設備の2/3以上を設置してきた。また、数多くの地域で市民出資によって設立された再エネを推進す

る「市民エネルギー組合」の数は、2017年までに1000を超えている。これらの内容については、前著である『100％再生可能へ！　ドイツの市民エネルギー企業(学芸出版社、2014年)』に詳しいので参考にしていただきたい。基本的には、ドイツの再エネの圧倒的過半数は、その地域に居住する市民の手で、その地域住民が一定程度は許容できるように、できうる限りの負荷を抑えながら作られてきた。

　一方の日本では、2016年末までに設置された43GWの太陽光発電のうち、地域の一般市民の手によるものは半分にも至らないことが推測される[2]。とりわけ大規模な太陽光発電、風力発電、木質バイオマス発電については、いわゆる地域にとっての外資である東京や海外などを中心とする大手資本、大企業による開発が通例となっている。当然、そうした大手資本、大企業は、それらの再エネを設置する場所に、支店を置いているわけでもなく、居住も、勤務もしていない。これまでの大手電力10社であれば、少なくとも大規模発電所の立地する地域には営業所と正社員を置いているので、地域住民との対話が成立する可能性もあったが、例えば、過去５年間に認定された大規模太陽光発電所の事業者（資本家）の多くが、その地域に足を踏み入れたこともないような有様で開発がすすめられている。

　こうした手法である限り、反対運動や、不必要な規模の自然破壊、防災機能の低下などを引き起こすことは避けられない。

　それではなぜ、ドイツでは地域住民のある一定の合意が取れた形で、地域住民の資本で、そうした再エネ設備は設置されてきたのだろうか？　その答えは、単に大手資本よりも、地域住民のほうが素早く再エネ施設を申請し、建設を手掛けてきたからではない。大手資本が素早く乗り出したとしても、その建設が地域住民の拒否によって認可されないケースが大半だからだ。その理由を次節では説明する。

1-3　ドイツの都市計画などの法規制と再エネの推進

ドイツの都市計画法

　ドイツでは1960年に都市計画法（建設法典、Baugesetzbuch）が連邦全土の統一した法律として整備された。それ以降、すべての建築・建設・土地利用にかかわる行為は、この都市計画法で示された手順で行われることが規定されている。つまり、屋根置きを除くすべての野立ての太陽光発電や風力発電、バイオマス発電、小水力発電などの建設においても、この都市計画法の規定を逃れることはできない。

　一般的には、この都市計画法ではその該当する土地の建築行為、土地利用行為を規定し、計画されたように誘導してゆくため、建設誘導計画（土地利用計画Fプラン、建設計画Bプラン、そしてランドスケープ計画Lプラン）の策定権限を基礎自治体（ドイツには約1.1万の市町村が存在する）に認めており、同時に基礎自治体には建設誘導計画の策定義務が課されている。この建設誘導計画は、該当する自治体の議会の過半数の決議によって取り決められる。

　もちろん既存の1960年以前に存在する住宅地における空き地に、その周辺の使用用途、形状と同じような建物を建設する場合には、建築基準法の規定を守れば、都市計画法の規制はかからない。しかし、その土地が複数で連続する土地区分からなる連たん地であったり、建築物や土地利用行為が周辺と異なったり、あるいは市街地の外縁部に新たに進出しようとしている土地（あるいは農地、森林などのランドスケープ用地の中に建設行為をする土地）であったりする場合、その建設行為の前には、必ず土地利用計画Fプラン、あるいはランドスケープ計画Lプランを修正する必要がある。また、その利用用途や建築行為の規模や種類によって、多くは建設計画Bプランを策定する必要もある。

　つまり、一般的な原則では、野立ての太陽光発電や風力発電などの工業用途である設備は、工業用途の土地としてすでにその土地にエネルギー生産利用が指定されている土地を除いて、「該当する自治体の議会による過半数の決議」

によって建設誘導計画を策定しないことには、建設や開発は許されない。また、とりわけ入植地と接続のない農地内、森林内においては、そもそも風力発電などの再エネ設備の建設は認められていなかった（大型水力発電を除く）。

1997年、都市計画法の改正

ドイツで再エネが進展したのは、90年代初頭における北ドイツ沿岸部の風力発電からである。しかし、この厳しい都市計画法の取り決めによって、風況が良い農地や森林での風力発電の建設は認可されなかった。そのため、土地利用計画Fプラン（＝入植地）の計画適用範囲外の「外部の土地（＝ランドスケープ計画用地）」における例外規定（都市計画法第35条）の中に、送電線とその鉄塔、下水処理場、原子力発電所や核廃棄物処分場、大型水力発電所などと同様に、風力発電などの再エネが加わることになる改正が1997年に行われた。

ただし、この例外規定は公共の利益を阻害しないという条件ではじめて適用されるため、例えばその該当する自治体の議会が過半数で反対するような原子力発電所や風力発電、野立ての太陽光発電、農地におけるバイオガス発電が、事業者の意向で勝手に建設できるようになったという意味ではない。

この都市計画法の改正時点では、2000年からスタートするFIT制度はまだ存在しないが、再エネの優先接続と買取保証を定めた「電力供給法」が1991年から整備されていたため、風況の良い北ドイツでは地域の議会の賛同の上で風力発電が多数設置されるようになった。また、2000年からFIT制度へ移行してからは、農地におけるバイオマス発電や太陽光発電、あるいは自然内の河川における小水力発電、そして中央・南ドイツの森林における風力発電なども普及した。

そして登場するのが「いくら地域の議会が賛同しているとはいえ、やりすぎの再エネ施設多発に対する反対の声」である。これはとりわけ風力発電に対して、そして2003年に野立ての太陽光発電の上限100kWの規定が撤廃された後に大量に出現することとなった、とりわけバイエルン州では広く認可された農地における野立ての太陽光発電に対して生じた。

都市計画法と固定価格買取制度の連携

したがって、この都市計画制度と再エネを推進するFIT制度（ドイツの法律では「再生可能エネルギー法」EEG（＝Erneuerbare-Energien-Gesetz）との間で調整を必要とするようになった。FIT制度は、2000年に策定されたのち、03年、04年、09年、10年、12年、14年、17年と小刻みに改正されており、同時にそれぞれの発電種類ごとに都市計画制度と調整する手法が異なるため、ここでは、それぞれの経緯について詳しくは網羅しない。しかし遅くとも2004年の改正以降は、ほとんどすべての再エネの推進は、単に該当する自治体の議会の過半数で建設誘導計画を修正・策定することで建設できるようになったわけではなく、それ以上に厳しい規定が当てはめられるようになっている。

例えば、2017年の再生可能エネルギー推進法における野立ての太陽光発電に対しては、以下の場合に限ってのみ、固定価格買取制度に準じた（フィードインプレミアムと入札→3章3-1）買取、優先接続の保証がなされている：

- Bプラン（建設計画）策定が終了している廃棄物処理場の再自然化の跡地の上に建設される場合
- 2003年までにBプランが整備され、かつ太陽光発電に利用用途が指定されている場合
- 2010年までにBプランが整備され、工業用途地域における太陽光発電の利用用途が指定されている場合
- 2003年以降にBプランが整備され、かつそれが工業用途の土地でない場合、アウトバーンの舗装、もしくは鉄道軌道から110m以内の土地において、太陽光発電の利用用途が指定されている場合
- 2003年以降にBプランが整備され、かつそれが工業用途の土地でない場合、交通用地、入植地、軍事用地からの転用地（コンバージョン用地）で、自然保護法の適用範囲でなく、太陽光発電の利用用途が指定されている場合

ちなみに建設計画Bプランの策定や修正の場面では、ほとんどのケースで環境影響評価（環境アセスメント）の実施が義務付けられている。しかし日本の野立ての太陽光発電では、上記のような用地に設置されたものはごく一部であ

り（塩漬けされた工業団地など）、ドイツでは100％禁止されている「森林を切り開いての開発」が数多く実施されている。

また、風力発電の開発においては、上記の都市計画法との関係に加えて、自然保護法との関連性が重要になっているため、次節で説明する。

太陽光発電への反対
　こうしたドイツの厳しい法制度の整備による規制は、過去における合法の上での行き過ぎた開発行為に対する反省から生み出されてきた。ドイツでは議会の過半数という高いハードルが最初からあったにもかかわらず、事業者の利益追及とその該当する自治体の一部の有力者や自治体にもたらされる利益（土地の賃借料、固定資産税、法人税などの所得）によって、議会の過半数が賛成してこうした行き過ぎた開発行為が行われたわけだ。
　その時、立ち上がったのは環境保護団体などの市民組織であり（数多くの裁判も行われた）、同時に、法改正の際招集される専門家などのステークホルダーや立法措置を準備する官僚であり、最終的には法律を決議する権限を持つ地域から選出された政治家である。
　ドイツでも大きな資本を投下する投資家は法の順守はするものの、地域の景観や自然環境の保全、住民との合意などについてほとんど興味を示さない。そうした中、再エネを推進するステークホルダーとして、地域に市民エネルギー組合や市民エネルギー企業が生まれ、法を順守するとともに、議会の過半数以上の「地域の総意」に近い支持を得て開発を行うようになっている。それが前述した再エネ所有者の2/3が地域の市民、農家、中小企業となった理由である。

　日本の大企業や大手資本が実施している大規模な太陽光発電の設置において、大々的に法令違反が観察されているわけではない。どちらかというと、地元の地権者や出資者が儲かるからといって手軽に開発した、中小規模の野立ての太陽光発電施設のほうが、法令違反を犯しているケースが報告されている。例えば、強度計算を規定に従った手順で進めず、単管パイプなどで安価に済ませた開発や、フェンスなどの立ち入り禁止措置などを伴わない安全対策の不備、

申請とは異なる現場合わせの森林伐採や造成などである。
　これらのことを考慮して、今後、どのように法整備を進めなければならないのか、つまり、どのような政治家が、どのように働いてもらわなければならないのか、ここを根本的に考え直す必要があるだろう。これまでの日本の拙い法制度によって山を切り崩すことを許すような太陽光発電は、もとはと言えば有権者の無関心から生み出されたとも言い換えられる。

1-4　風力発電の開発と自然保護・景観保全の規定

地域計画の策定

　ドイツにおける風力発電の推進に関わる都市計画法と自然保護法との関係についても考察してみよう。1997年の都市計画法の改正によって、外部の土地（入植地外）においても「公共の利益を阻害しない限り」という条件であれば風力発電は建設できるようになった。しかし、次章でも述べるように風車の高い塔や長いブレードは、該当する自治体だけではなく、近隣の自治体にも景観の面で影響を及ぼす。また、風車建設のための搬入道路の整備などを含めるウィンドパーク事業は複数の自治体の土地にまたがって開発されるケースもある。

　したがって、都市計画法の35条の例外規定の解釈では、個々のプロジェクト毎に、個々の自治体が策定する権限を持つ土地利用計画Fプラン、ランドスケープ計画Lプランの修正を行うのではなく、周辺自治体を含めた広域地域、そして該当する州も賛同する「風力発電のための集中ゾーン」の策定を、建設誘導計画よりも上位に織り込むことを可能としている。

　この「風力発電のための集中ゾーン」と言われるゾーニングは、いくつかの州で以下のような手順で策定されている（ドイツは州自治を基本とする連邦制度であり、同時にベルリンのような都市州も存在するため、以下の地域計画の取り扱いについては連邦全体で統一されていない）。ここでは、規定手法が州法で定まっているバーデン＝ヴュルテムベルク州の事例を示す。

1．複数の自治体をまたぐ広域地域における風力発電関連のステークホルダー、その地域に関心のある風力発電を設置したい事業者、環境保護団体などが、その地域の風況、自然保護法における規定、景観への影響などを考慮して、「集中ゾーン」を広域連盟に提案

2．それを受けた広域連盟（広域に存在するすべての基礎自治体で構成）は、そうしたステークホルダーによる提案を考慮しながら、その他の法制度

や都市計画なども勘考して、広域連盟に加盟している自治体の意向を配慮し、合意を取り付けながら、地域計画の中に「風力発電のための集中ゾーン（優先ゾーン）」を策定する。

地域計画（Regionalplan）とは、州政府が策定する州整備計画の解釈を含む下位計画にあたるもので、基礎自治体が策定する建設誘導計画の上位計画に該当する、中間の都市計画のことである。

3-1．加盟自治体すべてに地域計画が修正されることを周知し、住民参加の機会を提供
3-2．州政府へ申請、のちに認可し、地域計画を修正
3-3．地域計画の修正が加盟自治体のすべてに周知

4．「風力発電のための集中ゾーン」に記載されている場所に、記載されている数や大きさの風力発電を建設しようとするとき、事業者が建設申請を出した際には、該当する自治体は、何らかの公共の利益が阻害される大きな問題（自然保護法の法令違反など）が行われない限り、原則として、建設誘導計画を策定したり、修正して、建設の認可を出さなければならない義務を負う

とりわけ入植地から離れて自然の中に設置されることが一般的な風力発電の建設においては、環境影響評価（環境アセスメント）、自然保護法の規定による対策の構築、そして綿密な風況調査、地域住民との対話と連携などによって、事業を開始してから実際の建設許可が出るまでの間に大きな金額の投資と数年間の時間が必要とされる。

このゾーニングという手法の構築は、そうした時間とお金がかけられ、諸課題がクリアされたのにも関わらず、例えばその途中で自治体の首長選挙、議会選挙などで過半数が変化し、建築申請の認可が出されるはずが、突然認可されなくなる、などの問題を解消するために生み出された。

なお、野立ての太陽光発電に対してはそのようなゾーニング措置が存在しないのは、単に太陽光発電は、そもそも自然の中（山の中）において開発される

べき意味はなく（単に日射があるという代替する場所は他にいくらでも存在するので）、後述する自然保護法の規定により、そもそもが認可されないからだ。風力発電をこのようにして優先しているのは、風況の良い場所は山の上など限りがある（＝代替の土地がない）ことが理由である。

また、地域側、自治体側においては、このゾーニングが行われることで、周辺自治体との協議によって、自然保護、景観保全などの配慮がクリアできた場所において、優先的に風力発電が建設されるようになるため、「建築申請の度に周辺自治体との個々の調整を行う必要がない」というメリットがある。

自然保護法の規定

また、ここで述べた「自然保護法の規定による対策の構築」とは、ドイツの自然保護法の大原則である「自然と景観の価値を持続的に保護する（＝減じてはならない）」という連邦自然保護法の第1条から来ている。

例えば、農地や森林において、もともと何らかの景観的な、そして自然的な機能が存在する場所に、もし風車を設置したり、風車建設のために必要な搬入道路などを建設する場合であれば、第8条から12条までに規定されているように、すでに策定されているランドスケープ計画（Lプラン）の修正が必要となる。このLプランの修正の際には、第13条から16条に規定されている通り、できる限り影響を減じる手法を採択し（もし、別の対策で代替が可能であれば、影響が生じる行為は許されない）、最低限の影響が発生する場合は、その影響（景観の悪化、あるいは自然機能の低減）を適切な代替措置で取り戻さなければならない（木を伐採するなら、近隣の他の場所に植林するなど）。そして、自然保護法の第18条では、これらの規定は、都市計画法の各種の規定と連動した取り扱いになることが説明されている。

繰り返しになるが、ドイツの自然保護法は前半部で掲げている大原則において、法律の対象を国内すべての「自然」・「景観」としており、法律の目的に関しては自然と景観のすべてを持続的に保全・保護することにあるとしている（影響があった場合にはその影響を取り戻すことを影響発生者に義務付けている）。

自然保護法の後半部では、自然保護区域などのゾーニングされた域内におけ

る特別な規制が記されているが、これらは日本の環境基本法、および自然環境保全法などの自然保護に関連する規定と似たような形になっている。

法制度で市民出資を規定する

　ドイツ南部では、古くから教会の塔の見渡す範囲の中で、市民組合という形態で地域社会の経済活動が実施されてきたため、上述した議会の過半数ルールと相まって、地域における再エネは、市民出資による市民エネルギー組合などが主導的に開発してきた。そして、そこで得られた利益は、地域の公共福祉や出資した地域住民に還元されている。しかし、組合という運動の弱い北ドイツの地域や、そうした活動が一旦は消滅した歴史的背景を持つ旧東ドイツの地域においては、大手資本が単独で開発した（地域には土地の賃借料と法人税を払うだけの）ウィンドパークが数多く存在している。

　このような地域の住民は、再エネ推進による汚染と負の圧力を負担し、同時に電気料金に上乗せされる賦課金を負担しているが、それらと引き換えに、十分にその利益を享受していない。この状況を改善するために、例えばメクレンブルク＝フォアポメルン州では、以下のような法律を策定して、地域住民への利益還元を確保しようとしている。

「ウィンドパークへの自治体・市民参加法」、2016年5月末から施行

この州内で風力発電を開発する事業者は、
1．投資総額の最低20％を地域出資に開放しなければならない義務を負う
　（風車から直線距離で半径5km以内に居住する住民に10％、風車設置場所から5km以内に領土を持つ自治体に10％）
2．そのときの市民出資では、誰でも参加できるように出資一口は500ユーロ以下とする
3．対象は高さが50m以上のすべての風力発電
4．資本参加を提供するではなく、代替として以下の方法を用いることも可能
　・自治体による投資を受け付けない場合、自治体の同意があれば、風車

> 設置場所から5km以内に該当する自治体が毎年一定額の支払い（＝風力発電事業で得られる利益の10％）を受けることでも免除可能
> ・市民に投資参加を促さない場合は、該当する地域住民に対して高利回りの貯蓄商品を提供することでも免除可能。例えば、風力発電事業者は利益の10％を毎年地域の適当な銀行に一旦預入する。その銀行は、該当する5km以内の市民がそこで定期預金を組む場合（3〜10年で満期とする元本保証）、その利子を、毎年繰り入れられる風力発電からの利益で支払う。それ故にかなり高い利回りが期待できる仕組みになっており、同時にリスクが低いので、投資に慣れていない市民も利用しやすい

このように制度面の改善を図りながら、ドイツでは面状に市民の再エネに対する許容度を高めながら、再エネを推進してきた。次章からは、主に自然保護、景観保全という観点からより具体的に、地域で総合的な合意ができる、高い許容度の再エネ施設のための様々な取り組みや考え方を紹介してゆく。

〔注〕
1：国内の木質バイオマス発電設備認定量は、2017年3月時点で約1,200万kWに達している（日本木質バイオマスエネルギー協会資料による）
2：龍谷大学、地域公共人材・政策開発・リサーチセンター、櫻井あかね「再生可能エネルギーの固定価格買取制度導入後の日本における地域エネルギー利用の課題」を参照

2章
再生可能エネルギーと自然保全の両立

滝川薫・池田憲昭

2-1　自然促進型の太陽光発電施設のデザインと管理（滝川薫）

草原ビオトープとしての野立て太陽光発電

　前章では、ドイツで再生可能エネルギーによる発電施設を開発する際に関わってくる、都市計画および自然保護に関する規制やルールの概要を紹介した。本章では、5種類の再生可能エネルギー源に関して、このような規制に従って実現された設備において実践されている自然の保全・再生・促進について事例を交えながら紹介していく。本節ではまず、日本で対策が急務となっている野立て太陽光発電における自然保全や自然促進について取り上げる。

　野立て太陽光発電設備の建つ土地は、地域の貴重な自然環境の一部を成す緑地である。それは、動植物の生息環境（ビオトープ）という視点から見ると、草原のビオトープに相当する。日本でもヨーロッパでも1,000年以上に渡り繰り返されてきた人間の農の営みが、文化的景観と動植物の種の多様性の豊かな里山の自然環境を形成してきた。半自然の草原、野原、原っぱもその一つで、役畜の餌や資材を定期的に刈ったり、粗放的な放牧を行うことで、特徴的な草原のビオトープが維持されてきた。

　日本でもこのような草原は100年前までは身近な存在であったが、農業手法の変化や開発により、今日では国土の約1％にまで減少した。そして草原の植

写真1：ウィーン・エネルギー社が運営するリーズィク市民発電所の草原は多様な動植物の生息域になっている（©Wien Energie/Wiener Wildnis - Popp-Hackner）

写真２：近自然の手法で形成・管理されているモースホーフ・ソーラーパークの草原
(©solarcomplex AG)

物の多くが絶滅危惧種になっている。

　しかし半自然・近自然の草原は、自然促進型の緑地の計画・管理により再生、促進することが可能である。このような日本の草原の現状を考えると、日本各地の野立て太陽光発電施設において近自然な草原を増やしていく意義は大きい。それは、地域社会からの施設の受容度を高める要素の一つにもなるはずだ。

野立て太陽光発電の持つ生物多様性へのポテンシャル

　ドイツで見られるごく普通の野立て太陽光発電では、元来の地形を変えることなく、架台にはコンクリート基礎を用いず、杭を土中に押入れただけの造りになっており、自然への介入を最小限にとどめている。パネルの下の緑地を砂利舗装することは有り得ず、また除草剤の利用は禁じられている。パネル下は定期的な草刈りにより管理された草地であり、発電設備が寿命に達すれば簡単に設備を撤去し、元来の状態に戻すことができる。

　ドイツ各地で行われた多くの調査によって、このようなごく普通の野立て太陽光発電施設では、従来型の集約的な農業が行われている農地よりも、生物多様性が大きいことが確認されている。大きな面積において20年以上に渡り農薬

や肥料が撒かれず、土地が耕耘されることもないので、現代の農環境の中では生存できない動植物がソーラーパークの中ではゆっくりと発展することができるからである。ソーラーパークは地域のビオトープ・ネットワークの一部を補うポテンシャルを秘めているのだ。

　こういった野立て太陽光発電のもつ生物多様性へのポテンシャルは、後述する近自然な草原の再生・管理の方法を用いることで最大限に引き出すことができる。ドイツでは一部の事業者が自発的に取り組んだり、あるいは自然代償対策として実施している手法である。まずはこのような手法を活用したモースホーフ・ソーラーパークの事例を見てみよう。

南ドイツのモースホーフ・ソーラーパーク

　モースホーフ・ソーラーパークは、南ドイツ・ボーデン湖北部の鉄道線路沿いの広さ17haの農地に、2011年に建設された出力4.5MWの野立て太陽光発電施設で、この地域では最大規模のものである。地域の自治体エネルギー公社と市民エネルギー協同組合、そして市民エネルギー企業のソーラーコンプレックス社が共同出資を行い、ソーラーコンプレックス社が開発・運用を担当している。

　同施設では、模範的な自然促進対策が地域の自然保護団体との協力に基づき実施されてきた。当初、ソーラーパークで自然促進対策を行う提案を行ったのは、ドイツ最大の自然保護団体BUNDとNABUの地域支部であった。ソーラーコンプレックス社はその提案に応じ、まずは同社の既存の6ヵ所のソーラー

写真3：市民・地域出資で線路の両脇に建設されたモースホーフ・ソーラーパークの全景（©solarcomplex AG）

第2章　再生可能エネルギーと自然保全の両立　　35

パークにおいて、動植物のモニタリングを1年間に渡りこれらの自然保護団体に実施してもらった。いずれのソーラーパークでも動植物の生息状況は良い状態であったが、改善の余地も見つけられた。この調査から得られた知見がモースホーフ・ソーラーパークのデザインや管理に活かされることになった。

具体的には下記の対策を主に実施していった。モースホーフの土地は長年の集約的農業により養分を多く含む土地であった。そこに在来種の草原群落の種子を蒔いた。草原は年に2回刈っている。1回目はパネルに影ができないように5月末、2回目は8月頭に行う。フェンス近くの部分は春は刈らず秋に1度刈るのみにすることで、植生の多様性を促進し、小動物が回避できるエリアを作っている。

「いくつかの動植物にとっては5月末よりも遅い草刈り時期の方が良いのですが、私たちはそこまでは求めません。自然は適応していきます。一定の種はここでは継続的に繁殖できないことになりますが、その代わりに別の種にとってはそれが好条件にもなります。ソーラーパークは昔の草原と同一ではなく、ランドスケープの中の新しい要素であり、ビオトープとしての独自の性質を発展させてゆくべきものだと考えています」。BUNDのコンスタンツ郡支部の代表で、当初よりこの施設のコンサルタントやモニタリングを行ってきたエバハルト・コッホさんはこう語る。

刈った草は運び出し、近隣のバイオガス設備に発酵原料として納入している。草を運び出すことで土壌から養分を抜いてゆくことが、植生の多様性を増やすことに繋がる。従来のソーラーパークでは実施されていないが、生物多様性の面からは重要な対策である。また草刈りは昆虫への悪影響の少ないタイプの草刈り機（**写真5**）を持つ農家に委託している。

さらにソーラーパークを数kmにも渡り囲んでいるフェンスの下部は、地面から30cmの隙間を空けて小動物が通行できるようにした。実際にウサギのような小動物だけでなく鹿やイノシシもソーラーパーク内で観察されている。そしてフェンス沿いには間隔をあけて自生種の灌木が植えられた。これには鳥類の営巣の場や餌場という役割の他に、施設を景観にとけ混ませる役割もある。またこの地域は地下水位が高く、土壌が粘土質であるため、工事の際にできたタイ

ヤ跡が水たまりになっている。通常であれば平にならすところを、あえてそのままに残すことで、カエルやトンボの産卵場所を設けた。

地域の環境団体による動植物のモニタリング

　このような自然促進型のデザインと管理によりモースホーフ・ソーラーパークの生物多様性は豊かさを増し、トウモロコシばかりの単調な畑から、以前は見られなかったような数多くの絶滅危惧種の昆虫や植物、鳥類もが生息するビオトープ空間になった。BUND地域支部では毎年同パークのモニタリングを中立の立場から自主的に行い、動植物の発展を記録している。ソーラーパークが市民社会に受けいれられることは環境団体にとっても重要だと考えるためである。

　「過去6年の間に植生はパーク内の環境条件の差に応じて多様化しました。特に立地に合った植物が生き残ってきています。昆虫については年月と共に徐々に入り込んできました。現在ここには昔（100年前）に野原で普通に見られた種が生息しています。こういった多様性の豊かな草地は、今日の集約化された農業ではほとんどなくなりました。20ha近い大きさの生物多様性が豊かな草原というのは、今日の私たちの農村地帯では特別なものです（コッホ）」。

　モースホーフ・ソーラーパークでこのような成果が証明されると、BUNDの地域支部にはモースホーフ型の施設を実現したいという地域の太陽光発電事業者からの問い合わせが増えたという。またBUNDとNABUを含む地域の環境団体では、共同でソーラーパークにおける生物多様性推進の手法を手引きとしてまとめ、許認可を担当する郡行政や事業者に対して、積極的に提案を行うようになった。

　ソーラーコンプレックス社でも新しく建設中の2カ所のソーラーパークで同様の手法を導入する予定だ。事業者にとっては、モースホーフ型の管理は手作業で草を集めることになるため、一か所のソーラーパークにつき数千ユーロの管理コストが追加でかかる。それでも新しいパークではこの手法を採用するのはなぜか。ソーラーコンプレックス社の代表取締役であるベネ・ミュラーさんは

写真4：近自然のデザインと管理手法により多様な昆虫や植物が多く生息するようになったモースホーフのソーラーパーク（©Karlheinz Guldin）

写真5：昆虫への悪影響の少ないタイプの草刈り機　（©Karlheinz Guldin）

こう語る。

「刈った草を取り出すと管理の手間はより増えますが、エコロジカルな価値も高まります。ソーラーコンプレックス社にとって自然と種の保全への貢献は価値のあることですので、私たちは自発的な対策として行っています。このケースのように僅かなお金で多くの生物多様性を達成できる場合には（追加の自然保護対策を）実践しています」。

近自然な草原の管理という考え方

　最後にモースホーフ・ソーラーパークに見られるような、近自然の草原の形成や管理の手法についてまとめておく。ドイツやスイスでも農業の集約化や化学肥料の普及に伴い、生物多様性の豊かな草原のビオトープは減少していった。伝統的農業では年2回であった草刈りが、集約的な農業では年6回までに増え、多くの草花は種子を成熟させる機会がなくなった。そして施肥により豊養化した農地には成長力の旺盛な種類の少ない草が繁茂し、競争力の弱い多くの草花は消えて、それらと共に生きていた草原の昆虫や鳥類も減っていった。

　しかし70〜80年代になると生物多様性を回復させるような緑地の再生や管理手法が社会的な運動として広まり、近自然と呼ばれる手法として確立されて

いった。これは草原以外の様々なタイプのビオトープを含むものであるが、自然保護地域だけでなく、公共の緑地や農地の一部においても政策的に推進されるようになった。

　草原と言ってもその場所の気候や土壌、周辺環境によって様々な種類がある。近自然の考え方では、もともとそこの土地にあったような草原の再生が目標となる。今ある種の多様性の少ない土地を近自然の草原に変えて行くには、欧州中部では主に下記のような対策が採られている。これらの対策は野立て太陽光発電施設にも応用されている。

近自然な草原の形成と管理

- 農地や裸地に新たに種蒔する場合には、その立地環境（湿性・乾燥性や豊養・貧養性等）と地域性に適した在来種の草地の多年草の種子を蒔く。ドイツやスイスの種子会社では、様々なタイプの草原について植物群落に基づく50〜60種の植物の種子のミックスを販売している。
- あるいは、近隣の種の多様性の豊富な草原から適時に刈り取った草花を、敷地の土や草刈り後の草原の上に置いておくことにより、自然にそこから種がこぼれて増えるようにする。
- 既存の草地の多様性を増やすためには、下記の管理を行いながら周辺の環境から在来種が移行するのを待つ方法もある。あるいは草地の一部を耕耘して種蒔し、そこから他の部分に種が移行するのを待つ。
- 草刈りは通常年2回までとし、一回目は6月15日以降に行う。これは伝統的な草原の植物群落の種子の成熟を考慮した日付となっている。太陽光発電の場合は一回目の草刈りの時期については、パネルに草がかからない時期に前倒しで行うといった応用が必要となる。草は深く刈り過ぎない。
- 種蒔の初年度は、撒いた多年草の株がある程度成長するまで、2回以上の草刈りを行うことで一年草を刈り取る。水やりや雑草抜きは行わない。
- 刈った草は、数日放置して乾燥させた後、集めて草原から持ち出すことが重要である。多くのソーラーパークで行われているように刈った草を

地面に置いたままにすると、多年草の株は育たず生物多様性は発展しない。また草を持ち出すことで土壌から過剰な養分が抜け、種の多様性の豊かな草原への転換が進む。刈った草は家畜の餌や、バイオガスや堆肥の資源として用いることができる。
- 草刈りでは敷地を一度にすべて刈らず、段階的に刈ったり、刈らない場所を設ける。そこが昆虫や小動物が回避できる場所となるほか、草刈りの時点で種が成熟していなかった植物が繁殖できる場所となる。刈らない場所は定期的に変えたり、後から刈ることにより、樹木が生えてくることを避ける
- 農薬や肥料は利用しない。
- このほか、ソーラーパークの場合にはフェンスの下部を空けておく。それにより小動物の通行性を確保し、他の生息地とソーラーパークというビオトープをネットワーク化させる。
- 粗放的な羊の放牧により近自然な草原を維持することも可能である。だが過度な羊の放牧では植生の丈が低くなりすぎるため、草原の生物多様性にとってはネガティブである。

多様で安定した草原が形成されるまで数年の時間がかかるが、いずれも取り立てて大きな費用のかかる対策ではない。もちろん太陽光発電の事業者は自然環境の専門家ではないため、地域の自然に詳しい自然保護団体や専門家と協力して取り組むことが有意義だ。また、こういった近自然な緑地を伴う野立て太陽光発電を日本で普及させていくためには、まずはいくつかの実証事例で経験を集め、日本での手法を確立していく必要があるだろう。

小事例：オーストリア・ウィーンのリーズィク・ソーラーパーク

ウィーン・エネルギー社はオーストリアの首都ウィーン市が所有する大手のエネルギー公社で、ウィーンとその周辺の地域に電力・熱・ガスの供給を行っている。同社ではこれまでも戦略的に再エネの拡張に取り組んでおり、今後5年間で同分野に4億6,000万ユーロの投資を行っていく予定だ。その際に市民出資と自然保全という二つの要素を重視している。実際にウィーン・エネルギー

社ではこれまでに太陽光と風力による市民発電所を25カ所で実現、うち13施設は市内に設置されている。市内の市民太陽光発電は屋根置き型が多いが、野立て太陽光発電も長期的に他の用途のない土地に限って設置している。

2013〜14年にかけて建設されたリーズィク・ソー

写真6：リーズィク発電所に生息する野生のハムスターは絶滅危惧種で保全対象となっている
（©Wien Energie/Wiener Wildnis - Popp-Hackner）

ラーパークはこういった市民発電所の一つで、自然促進型のデザイン・管理が行われている。太陽光発電の動植物への影響を調査し、今後の施設計画に役立てることが目的だ。敷地はウィーン市内の産業地帯にある同社の地域熱供給施設に隣接する1.7haの空き地で、設置容量は1MW。600人の市民が出資している。施工後の生物モニタリングではレッドリストの絶滅危惧種で保全対象になっている野生のハムスターをはじめ、多様な昆虫、鳥類、植物が確認され、種の多様性が開発前よりも向上したことが分かった。バッタだけでも13種もが生息している。

「今日、産業地帯にあるこのソーラーパークの敷地は緑のオアシスになっています」と、ウィーン・エネルギー社広報のカスパー・ボリスさんは語る。ソーラーパークにより都市の貴重な緑地の価値が高まったのである。

同施設で特に面白いのは、ソーラーパークの草原を養蜂に活用・提供している点である。草原には部分的にミツバチの餌となる植物の種のミックスが撒かれた。養蜂作業は、地元の「NPO都市養蜂家」が行っており、パーク内で100万匹のミツバチを飼育している。ソーラーパークの草原からは、年100kg以上という予想を上回る量のハチミツが収穫されている。ミツバチの大量死が世界的な問題となっている今日。農薬が散布されず、多様な草花が長く咲くソーラーパークは、ミツバチにとっても貴重なビオトープになりうることを示す好事例だ。

写真7：リーズィク・ソーラーパークの草原には多様な植物が花を咲かせる。パーク内では地元のNPOが養蜂を行っている（©Wien Energie / Martin Steiger）

小事例：野建ては作らず建物の表面を徹底利用するというスイスの選択

　国土の2/3が岩山や湖、森が占め、農業や産業、居住に利用できる土地が限られている山国のスイスでは、野立て太陽光発電は作らない政策が当初より選択されてきた。そして屋根や外壁に設置された太陽光発電が、これまでに電力需要の３％程度を供給している。太陽光発電の業界団体スイスソーラーの調査によると、スイスでは2035年までに今日の電力需要の３割を建物上の太陽光発電で供給することが可能である。スイスには太陽光発電への利用が適した屋根や外壁の面積は200km²あるが、この目標を達成するためには、そのうちの120km²に実際に設置する必要があるという。

　このように野立てを行わないスイスでも、太陽光発電と生物多様性が競合する場面がある。例えば屋上緑化である。平屋根の屋上緑化は、多くの都市部の自治体で義務付けられている。屋上緑化は、緑地面積の限られた都市部でのヒートアイランド現象の緩和や雨水流出の一時的な保水によるピークシフト、煤塵吸着といった大気浄化、動植物の生物多様性といった幅広いメリットをもたらすものとして認識され、普及してきた。しかし近年では太陽光発電と屋上緑化

の間違った手法での組合せによる失敗や、太陽光発電のために屋上緑化が除去されるケースも出てきた。そのためスイスの建物緑化の業界団体では、屋上緑化と太陽光発電の正しい組み合わせ手法の開発・普及・啓蒙に力を入れており、それが新しいビジネス分野としても注目されている。

　実際に屋上緑化と太陽光発電を組み合わせるためには、正しい計画と管理が必要である。通常のエクステンシブな屋上緑化には、厚さ10〜15cmの人口軽量土壌の上に、屋上緑化用の在来種の種のミックスや多肉性植物の芽が撒かれ、年に2回の雑草取りで望まない植物の繁殖を避ける。太陽光発電を屋上緑化の上に設置する場合には、植物がパネルに被らないように、ある程度の高さのある架台が必要だ。今日では屋上緑化のシステムと太陽光の架台が一体となり、人口土壌の重みで架台を屋根に固定するシステムもある(**写真**)。また種のミックスも太陽光発電設置を前提とした、丈の高くならない植物のみを配合した屋上緑化用の種も販売されている。土壌の厚みもパネルの前をやや薄くするといった工夫が必要だ。もちろん通常通りの定期的管理も不可欠だ。

　そういった事例の一つがベルン州トゥーン市近郊の工場地帯にあるコンテック社の屋上である。工場とオフィス棟の上の屋根4,000㎡は全面が緑化されている。一部は従業員や顧客のための庭園として利用され、他の一部には上述し

写真8：コンテック社が開発した太陽光発電と屋上緑化のコンビシステム「グリーンライト」。架台と人口土壌のシステムを一体化させている　(©Wassmann/Takigawa)

写真9：コンテック社の屋上庭園

たような手法で屋上緑化と太陽光発電を組み合わせて設置している。設置容量は100kWで、電気は工場やオフィスで自家消費する。コンテック社の屋上は多様な昆虫や小鳥の住処となっており、従業員にとっても仕事場のオアシスである。

2-2　風力発電と自然・景観保護

導入（池田憲昭）

　風力発電は主に風況がいい森林や農地、草地などの「自然区域」に建設されるが、この行為は、既存の自然生態系や景観に「介入」することであり、それらに持続的に大きな変化やダメージを与えるポテンシャルがある。

　ドイツ自然保護法においては、原則として、「自然」と「景観」は、そのものの価値を守る、持続的な人間生活基盤を守る、という理由から、保護、維持、発展、また必要な場合は、再創出していかなければならない（ドイツ連邦自然保護法第1章）。1997年の建設法の改正（**参照1-3**）によって例外規定が設けられ、開発規制が緩和された風力発電にもこの原則は適用される。風力発電建設による自然景観への干渉は、避けられる侵害は避け、避けられない侵害の場合は、代価補填措置が講じられなければならない。

　「自然保護」に関しては、保護区域の規制や環境影響調査、客観的に説明できる具体的な補填措置などで解決策が講じられ、中央ヨーロッパの社会の中では、おおよそのコンセンサスが得られている感がある。一方「景観保護」に関しては、見る人の思いや価値観といった「主観」によるところが多いためか、風力発電普及から20年以上経った現在でも、様々な議論がある。

　本節においては、まず、自然に配慮した風力発電開発に関して、ドイツ、スイス、オーストリアの3つの具体的な事例を紹介する。続いて、風力発電と景観保護の問題について、論点を整理し、展望を述べる。

2-2-1　自然保護と協働する風力発電（滝川薫）

　2.7万基以上の陸上風力発電設備が稼働しているドイツでは、幅広い市民が風力の拡張に理解と賛同を示している。その傍らで、多くのプロジェクトには一部の市民による強い反対や懸念という障害が待ち構えている。そのような反対運動で最も大きな争点となるのは、前述した景観保全と本項で触れる鳥類を

中心とした小動物の保全である。

　風車による鳥類のバードストライクやコウモリへの被害は確かに存在する。同時に風力設備とは比較にならない規模で鳥類に甚大な被害をもたらしているのは、ガラス窓やガラスファサード、送電線や送電塔、道路や鉄道、農薬や家ネコであるのも事実である。また、ドイツでは風車に対して繊細であるとされている鳥類の種の多くが、過去20年間の風車の増設期と同時期に個体数を増やしていることも事実である。とはいえ、風力はドイツの将来のエネルギー供給の大半を担っていくべきエネルギー源であり、今後も大幅な拡張が想定されている。そのため、開発と運用において自然保全への細心の配慮を行うことが、地域社会から受容されるために不可欠な要素となる。

　今日、風車による鳥類やコウモリへの被害は、様々な対策により最小化することができる。そして、その実施は設備の建設許認可の条件となっている。被害を回避するための最も重要な対策は、(1-4で言及したプロセスを踏まえた上での）計画時における適切な立地と配置の選定である。これに加えて運転時における被害回避対策が実施されている。また回避できない自然への負荷、自然の価値の減少については代償対策を実施しなければならない。本項ではこれらの対策について３つの事例を介して紹介する。

写真10：南ドイツの森林内風車。３基の風車の建設のために2.8haの森林が伐採されたのに対して、事業者には7.3ha分の代替対策が義務付けられた
(©Takigawa/Wassmann)

事例1：風力開発の代替対策で河畔林を再生
〜ドイツ、ラインラント＝プファルツ州のビッゲンバッハ村

　風力開発に伴い生じる自然への負荷の代替対策は、自治体や地域が中心となって、地域の必要に応じた多様な形で実践されている。一例を挙げると、特定の動植物のためのビオトープを新設したり、水系の再自然化により洪水防止機能を強化したり、森林の近自然化や林縁の回復を行う対策。もしくはビオトープとしての価値の高い高木の果樹を植えたり、集約的に利用されている牧草地を粗放的な草原に転換するといった対策もある。このような対策の実施や管理に伴い生じる費用は発電事業者が負担する。

　ここでは前著で紹介したエネルギー自立地域であるライン＝フンスリュック郡にあるビッゲンバッハ村の事例を紹介する。人口350人のこの村では2009年、森林内にある自治体の土地に出力計10.5MWの5基の風車が建設された。この風車建設に伴い損なわれる自然の価値と森林面積を代替する対策は、郡の自然保護局と営林所が共同で定めていった。具体的には1.5haの農地に広葉樹林が植林された他、2.5haの草地に高木の果樹が植えられた。加えて、この地域で生存する希少なヤマネコやエゾライチョウのための特別なビオトープも林内に新設された。

　また、森林内を流れる小川の周辺の河畔林の再生も行われた。再生前の小川の周辺はトウヒの単層林だった。林内は暗く、表土は酸性化し、水辺の生物もほとんどいなかった。代替対策では小川の周辺のトウヒ林を長さ800m、幅30〜40mに渡り伐採し、この地域の自然な河畔林の広葉樹種であるハンノキやトリネコ、ヤナギ、ニレ、ミズキなどの苗木3,000本を植えていった。これらの苗木は良好に根付き、今では緑のジャングルの様子を呈している。このような再生対策により、以前は見られなかった小動物や昆虫、湿地の草花が小川の周りに戻ってきた。

　こういった代替プロジェクトの実施を同伴してきた担当森林官のトーマス・ゲルゲンさんは、代替対策の地域や自治体へのメリットをこう語る。
　「私たちは何年も前から、トウヒ林から広葉樹の混交林への転換を進めてき

第2章　再生可能エネルギーと自然保全の両立　　47

ました。多様性のある森林により、環境影響、特に温暖化に対して強い森をつくることができます。とはいえここで実施した河畔林の再生は、自然保護のためだけの対策ではありません。60～80年後には価値の高い広葉樹を収穫することができると考えています。」

河畔林の再生には1haあたり約1.5万ユーロのコストがかかった。地域にとっては、風力開発があったからこそ経済的にも実現できた景観や生物多様性における価値向上である。

写真11：再生前のトウヒの単層林。小川の周辺の生物多様性は乏しかった（©Thomas Görgen）

写真12：再生後。森林内への風車開発への代替対策としてこの河畔林の再生が行われた（©Thomas Görgen）

事例2：コウモリのための運転アルゴリズムによる被害回避
～スイス、グラウヴュンデン州のハルデンシュタイン村

　鳥やコウモリへの被害最小化対策についても、風車の立地地域の環境によって多様な対策があり、その実施は建設許認可の条件となっている。一例を挙げると、猛禽類を風車に寄せ付けないために、風車の足元に灌木を植えて捕食し難い環境を作る対策や、風車から離れた場所に営巣や捕食に魅力的なビオトープを作る対策。あるいは、風車のすぐ近くの農地で草刈りや耕耘が行われる時に（猛禽類が捕食に集まるため）数日間風車を止めるといった対策。また渡り鳥の季節には、専門機関からの観察情報を受けて設備の一部を一時的に運転停止する対策もある。風車の被害を受けやすいとされているコウモリについては、ドイツやスイスでは下記に紹介する運転停止アルゴリズムの利用が普及している。

　東スイスのハルデンシュタイン村は、アルプス山脈の麓に流れるライン川の谷間に位置する人口1,000人の村である。同村では2013年に、村で建材会社を営む企業家ヨシアス・ガッサー氏と元村長のユルク・ミヒェル氏により、3MWの風車が建てられた。この風車は微風風力発電と呼ばれるタイプの設備でタワーの高さは119m、ブレードの直径は112m、ブレードの先端までの総高は175mになる大型のものだ。一年で村の消費量に相当する4.5GWhの電力を発電している。

　この風車が立つのは工場地帯の端で、すぐ側に砂利採掘場、高速道路と一般道、鉄道、高圧送電線があり、景観・自然面でも以前から価値が損なわれている場所である。しかしライン川の谷はアルプスを越える渡り鳥の重要なルートになっている上に、コウモリが多く生息する地域である。そのため開発時には、WWFやプロナトゥーラといった地域の環境団体支部と州や自治体、開発事業者から成る自然保護のための委員会が設置された。そして渡り鳥と猛禽類、こうもりの調査に基づいて、自然保護対策についての合意を形成していった。

　コウモリについては、建設後にナセルからこうもりの発する超音波を元に活動状況を把握した。このデータをコウモリに詳しい野生生物の研究所が解析

写真13：コウモリの活動を反映させた運転制御を行っているハルデンシュタイン村の風車。環境団体と地域住民からの高い受容を得ている　（©calandawind）

し、運転制御のアルゴリズムを導き出した。このアルゴリズムに従ってハルデンシュタイン村の風車では、コウモリが活動する4月～10月の間の夕暮れから夜明けの時間帯で、雨が降っておらず、気温が2度以上で、風速が5.8m以下の時には、風車が自動的に止まるように制御されている。これにより通年すると3％の発電量の損失が生じるが、コウモリへの被害の危険を9割以上減らすことができる。損失分は予め事業計画に取り込まれているため、設備の経済性を脅かすことはない。

　渡り鳥については最初の2年間、渡りの季節に雲が低く垂れ込めるような天候時には鳥の飛行高度が下がるため、風車の運転を止めることが条件づけられた。加えて毎週2回、営林官による風車周辺の被害鳥の点検も行われてきたが、2年間に渡り一羽の被害鳥も発見されなかった。そして後述の科学的調査の結果もあり、この立地では渡り鳥への危険はないという判断が下されたため、渡り鳥のための運転制御は解除された。

　「私たちにとって風力プロジェクトは利益を最大化することが目的ではなく、再エネ利用により自然保全に貢献することが目的です。プロジェクトは自然保護に関する紛争の上に成り立つものであってはなりません。そのため環境団体

とは激しい議論も交わしましたが、それは実り多い議論となりました」と、事業者のミヒェルさんは語る。

　2014年にはエネルギー庁と環境庁の支援を受けて、同風車のコウモリと鳥類に及ぼす影響の調査が実施された。調査にはスイスで著名なセンパッハ鳥類研究所らが携わった。繁殖期と渡りの時期に詳細な観測が行われたが、その間一羽のバードストライクも観察されなかった。興味深いことに、ほとんどの鳥は風車を避け、風車の100m以内に近づかない行動を採っていた。また渡り鳥については、風車よりずっと高い位置を飛行していることが確認された。コウモリについては、95％がブレードの下端よりも低い位置で活動していたが、ナセルの高さまで飛んでいるものも5％あった。

　この調査により、ハルデンシュタイン村の風車は慎重な計画と制御対策により鳥類とコウモリに対して悪影響を与えていないことが立証された。この結果を受けて同風車では現在、コウモリの専門研究所によるアルゴリズムの最適化を進めている。新しいアルゴリズムでは、運転停止の時間帯が夜明けと夕暮れの数時間に限定できるようになる見込みだ。これが実用されれば、コウモリの保全を確実に達成しながらも、運転停止による発電損失を1～2％に留めることができるようになるという。

事例3：自然保護団体との協働による野鳥保護地域と風力開発の両立
〜オーストリア、ブルゲンラント州
　オーストリア東端に位置するブルゲンラント州は人口29万人の自然が豊かな州である。その北部に広がる平野は、オーストリアの中でも優れた風況に恵まれている。同州では、2003年から13年にかけてこの地域での集中的な風力増産により、再エネによる電力自給率を3％から100％に成長させ、電力自立の政策目標を達成した。現在、設置出力997MW、416基の風車が地域の事業者により運転されている。
　同時に、これらの風車が集中して立地するブルゲンラント北部は、ユネスコ世界遺産に登録された広大なノイジードル湖の文化景観や、多数の湿地や湖沼

から成る自然保護地帯や国立公園を有する。特に鳥類に関してはヨーロッパレベルでの重要性を持つ希少種の生息域であり、これを目玉としたグリーンツーリズムが盛んだ。

このように鳥類・景観保全のホットスポットでありながら、短期間でこれだけの風車を実現することができた背景には、2002年に州の主導で策定された広域での風力利用空間計画がある。この計画ではまず、風力設備建設の禁止ゾーンが定められた。そこには居住地の発展、景観保全、特定種の鳥の生息地保全、保養地の保全が反映された。例えばユネスコ世界遺産に指定された地域を禁止ゾーンにするだけでなく、そこから見える地域も禁止ゾーンに入れた。その次に残った地域の中から居住地に対するウィンドパークの視覚効果やそれ以外の影響を分析し、風力の建設が可能な「適正ゾーン」を決定していった。

もう一つの成功要因は、風力のための空間計画の策定と運用に、専門性の高い自然保護団体を重要なステークホルダーとして参加させたことである。策定には、著名なオーストリア空間計画研究所を中心としながら、州行政の環境保全局、ノイジードル湖生物観測所、民間からはオーストリア最大の鳥類保全団体であるバードライフ・オーストリア、WWFオーストリアといったNGOが参加した。その他、自治体、地域の風力開発会社、観光業関係者も参加してコンセンサスを形成していった。

特に自然保護団体の参加によって、彼らが蓄積してきたこの地域の鳥類に関する豊富なデータを空間計画に反映させることができた。また自然保護団体は実際の開発段階においても、鳥類観測を行ったり、開発会社と共に代替ビオトープの整備にも携わった。これにより自然保護の視点からも、風力推進の視点からも納得できる妥協策を見出すことができた。そのため自然保護団体からは風力開発に対する反対運動は起こらなかった。

空間計画の策定段階から同州での風力開発を同伴してきたノイジードル湖生物観測所によると、本格的な風力開発が始まって以来、稀少種のバードストライクは3羽に留まっており、これらの種の個体数は非常に安定しているという。

写真14：自然保護地域の多いブルゲンラント州北部では、自然保護団体との構築的な協働により、鳥類保全と風力増産を両立させた。風車は適正ゾーンに集約して建設されている（©Energie Burgenland）

鳥類保全の目標もしっかりと達成できているのである。風車新設のフェーズが終了したブルゲンラント州では、今後の開発は既存設備の建て替え（リパワリング）が中心となるが、その際も同州は鳥類保全の視点からいっそうの改善を進めていく姿勢だ。

2-2-2　風力発電と景観（池田憲昭）

　風力発電施設による景観への「干渉」を論じるためには、まず「景観」とは何かをしっかり抑えなければならない。地理学の世界では、景観は、「自然景観」と「文化景観」に分けられる。自然景観とは、人の手が加えられていない自然の遷移から成り立っている景観である。原生林などがそれに当たる。文化景観とは、人が生活や経済文化活動を行う中で作り出した景観（例：都市景観）、もしくは人と自然の相互作用の中で作られた景観（例：里山や農村景観）である。ドイツのシュヴァルツヴァルトやスイスのアルプスの森や草地を見て、「豊かな自然」や「美しい自然」という言い方で、「自然景観」のように表現されることがあるが、これらは厳密に言えば「文化景観」である。中央ヨーロッパには、手つかずの自然、人の手が加わっていない自然はほとんど存在しない。

　風力発電は人工物であるので、設置された景観は「文化景観」になる。中央ヨーロッパには厳密には「自然景観」はほとんど存在しないので、既存の「文

化景観」の中に、新たな人工物が「介入」してくることになる。自然の中に人工の異物が入ってくるのではなく、すでに過去に人工物が組み込まれている自然の中に、新たな人工物が入ってくる。日本においても、大半のケースはこれに相当するだろう。

また「景観」の概念は、空間、構造、構成物と言った客観的・合理的なものから、主観的なもの、すなわち知覚的、感覚的、絵画的、印象的なものまで、幅広い。地域計画や土地利用計画においては、客観的・合理的な観点で、「景観と折り合いをつける」解決策が講じられていく。例えば、テレビ塔などすでに景観に「侵害」が加えられている場所の付近を風力発電機の設置場所にする、街の中から目立たない場所を指定する、または、あちこちに分散させるのではなく、数カ所に集約する、などの措置である。

しかし、筆者の住むシュヴァルツヴァルトですでに20年近く繰り広げられている景観議論は、多くの場合、主観的・感情的な景観の概念に起因している。「美しくロマンチック」なシュヴァルツヴァルトの農村景観、それに対する様々な人の思い入れや過去の体験、経験、そして風力発電に対する理解やイメージなどであり、それは人それぞれである。

自分が生まれ育った、もしくは家族と何度も休暇を過ごした、馴染みのあるシュヴァルツヴァルトの美しい景観が風力発電機によって変えられて欲しくない、という思いが強い人もいれば、景観に思い入れはあるが、持続可能な未来をつくるために必要なエネルギー源であるので受け入れられる、受け入れなければならない、という人もいる。また、風力発電のある景観は「新しい未来の景観」と全くポジティブな人もいる。人さまざまだから、明確な解決策はまだ存在していない。

「景観」の概念に関して、もう一つ忘れてはならない大切な要素がある。それは「時間」である。景観は、時間とともに変化していく。自然の遷移や、人間のライフスタイルや社会経済文化活動の変化、それらの相互作用によって、景観は移り変わっていく。そして、景観と同時に、人々の感じ方、捉え方も移り変わっていく。

例えば、パリのエッフェル塔。建設の話が持ち上がったとき、パリに住む著名な知識人、文筆家、芸術家たち（アレキサンドル・デュマやギ・ド・モーパッサンなど）は連名で、1887年に市に対して抗議の手紙を書いている。その中に書かれている一文をここに紹介したい。
　「ボルトで繋がれた汚い鉄製の柱が落とすインクのシミが伸びたような汚い影を、あと20年も見なければならないのか」

　同様の批判や不安の声は、エッフェル塔の建設前と建設中に色々なところであがったが、建設されてからは、パリのシンボルになった。何が美しいかどうかは、見る人の主観やその時代の見方、価値観に依っている部分が多い。慣れ親しんだ愛着のある景観が変えられるとなると、多くの人はまず拒否反応をする。しかし変わった後は、人々は大なり小なり時間とともにそれに慣れていく。また社会の価値観も変化してくる。
　風力発電施設においても、エッフェル塔と同様の現象が起こる可能性がある。今は景観の中の侵害要素、異物として捉えられるケースがあるが、後20年もすれば、ほとんどの人が違和感を感じない「普通」の景観になるかもしれない。

　ただし、時間が経てば慣れるから、と景観の問題で風力発電に反対する人たちの意見や不安を軽視してはいけないと私は思う。景観の中に新しく入ってくるモノとしての風車の特異性もしっかり認識しておかなければならない。一つは、最近の風車の大型化である。プロペラの先まで全長180mのものが内陸の山岳地域では建設されており、それは他の景観構成要素に比べ、はるかに大きく目立つものである。またプロペラが回るということも、他のモノにはない性質である。大きくて動くということは、より不安や恐怖感が高まる。

　また「数」の問題、変化の度合いの問題もある。自然景観の中の一構成要素としての風力発電施設なのか、風力発電施設が主体になっている景観なのか、である。一カ所に10基・20基まとめてあるウインドパークであると、風車が支配的になり、風車中心の景観になってしまう。それは、拒否反応を助長するだろう。私は個人的に、正直そのような風車主体の景観の場所に住みたくはない。

以上まとめると、風力発電機の景観問題は、一人一人の主観や感情に寄るところが大きい問題であり、また反対する人たちの声や不安は、時間が経てば減少していくかもしれない。しかしそれらは真剣に受け止め配慮するべきものである。
　景観とは関係ないが、低周波、超低周波の問題も真剣に捉えなければならない。風力発電の出す低周波と超低周波は、道路沿いの車の騒音やオフィスビルの換気装置やコンピューターのファンの騒音から出るものよりも低い、というデータがドイツの環境省から出ている。しかしだからと言って「健康被害が少ない」「ない」とは言えない。人間一人一人の個人差の問題や、心理的な不安との相互作用なども含めて、風力発電機による低周波、超低周波の人間の健康への影響は、さらなる医学的な研究の需要がある。

　風力発電は、太陽光と並んで、現在最も安価な再生可能エネルギー源であり、再エネ100％のエネルギー供給をするためには欠かせない主力電源の一つである。比較的広域の地域で太陽光と風力と分散型の送配電網、蓄電施設を組み合わせれば、ベース供給が可能というシミュレーションもある。現時点の技術においては、風力は欠かせないものであり、風力発電機のある景観は、近い将来、普通の景観として社会に広く受け入れられていくかもしれない。
　であるからこそ、設置場所を決める過程において、反対意見を言う人たちや不安を持つ人たちの声をしっかり受け止め、時間をかけて議論し、コンセンサスを導いていくことが重要かと思われる。その際は、風力反対派でも推進派でもない、ディベロッパーでも投資家でもない中立的な立場の人物が話し合いをファシリテートしていくことが望ましい。これは、ドイツのこれまでの痛みも伴った経験から言えることである。また、医学的研究の需要がある低周波、超低周波の健康への影響に関しては、慎重に謙虚に対応すること、既存の制度（最低距離など）に関しても、批判的に捉え議論していくことが重要と思われる。

　風力発電の周辺の住民、すなわち視覚、聴覚、感情的に、直接的影響を受ける人たちに対しては、経済的な利益を与える策や、地域市民が広く事業投資に

参加できる仕組みを提供することが重要だと思われる。ドイツには、「隣の豚は臭い」と言う諺がある。他人の持ち物に関しては妬みやネガティブな感情を起こしやすいが、自分の持ち物になってしまえばそう言う感情は起こらない、と言うことを比喩的に表現したものである。人々の愛着も強い風光明媚な南ドイツでも、ここ15年普及が進んできているが、大半が市民出資や参加型で行われていることが、その原動力の一つである。

写真15：黒い森の農村景観の中の風車　（©Takigawa）

2-3　木質バイオマスエネルギーに関する考察（池田憲昭）

木質バイオマスとカスケード利用

　まず言葉の定義からしたい。「バイオマス」とは、光合成によって造られた有機物の資源全てを含む概念である。その用途は、食料、マテリアル（建設、機械、衣類、紙などの分野）、エネルギーなど、多面的である。しかし一般的には、日本においても欧州においても、「バイオマス」＝「エネルギー資源」と、狭義の意味で使われている場合が多い。これは、化石燃料の枯渇と気候変動問題という背景から、代替エネルギーとしてバイオマスエネルギーが注目されているからである。

　本節のテーマである木質バイオマス（＝木材）は、光と水と空気と土があれば絶えず成長する資源であるが、その生産面積と生産量には限りがある。年々、持続的に生産できる「ケーキの大きさ」は上限がある。その決まった大きさのケーキを、どれだけマテリアル利用し、どれだけエネルギー利用するか、その切り分け方、配分が重要なポイントになる。

　木質バイオマスの多面的で持続可能な利用に関して、「カスケード利用」という概念がある。「カスケード（英語でcascade）」とは、連なった小さな滝である。そこから派生して、「カスケード利用」とは、高レベルの利用から低レベルの利用へ、資源を一回きりでなく「多段階（カスケード）」に活用していくことを意味する。木材で言えば、まず楽器や家具・内装、次に建築用材、そしてパーティクルボード、紙…とまず価値の高い利用を優先し、そこで使えない材やそこから出される残材を、次の低い段階で使用していくことである。木質エネルギー利用は、このなかでもっとも価値が低い利用で、カスケードの最下段に位置する。木を燃やすのは最後の手段である。価値の高いものから優先的に価値の低いものまで無駄なく多段階（カスケード）で利用することによって、環境負荷が低く抑えられ、各段階で経済的価値と雇用が創出される。

2005年に発表されたドイツの森林木材クラスターの経済調査があるが、森林林業と、そこから連なる木材産業の総雇用数は135万人で、GDPの5％を占めている。ドイツでもっとも大きな産業体だと言われている自動車産業の雇用数が70万人前後であることと比べれば、木材のカスケード利用によって成り立っている森林木材クラスターがいかに意味のある産業体であるかがわかる。

木質バイオマスエネルギー増加の背景と問題
　中欧では、過去20年の間、木質エネルギーの利用が大幅に増加してきたが、それは、ヨーロッパの森林林業で起こった「緊急事態」に由来している。ヨーロッパは、1990年のヴィープケと1999年のローターという、数百年に1度というに強風を伴う大嵐に襲われ、大きな森林被害がもたらされた。また、2002年、2005年、2007年、2008年にも、中級以上の嵐が森林にダメージを与えた。これらの天災は、直接の風倒木の被害だけでなく、風で痛んだ残存木に木食い虫が大量発生する、という間接的被害ももたらした。それによって、通常の木のカスケード利用プロセスでは裁ききれない低質材が大量に発生してしまったのである。その余った低質材を有効利用するために、木質バイオマスエネルギー施設の建設が政治的にも促進された。社会の中で、気候変動と化石燃料枯渇の問題意識が高まったこともこれを助長した。

　以前の木質エネルギー利用は、製材工場など木材加工工場から出る「工場残材」によるものや、森林を所有する農家の自給自足の薪利用がメインの細々としたものであったが、2000年以降は、天災の連続により余剰に出てきた「林地材」が利用されるようになり、エネルギー施設の建設、一般家庭での薪ボイラーや薪ストーブの導入も増え、ドイツでの木材のエネルギー利用は急速に増加した。2010年には、エネルギー利用がマテリアル利用を上回っている。「木のケーキ」の半分以上が、エネルギーとして燃やされている状況に発展したのである。それによって、薪やチップ、ペレットとして利用されるエネルギー材が、梱包材やパルプ、パーティクルボード材などのマテリアル材と競合する状況が生まれてきている。 価値の高いマテリアル利用が、価値の低い木質エネルギー利用によって圧迫されている。競合による低質材不足と価格上昇により、工場閉

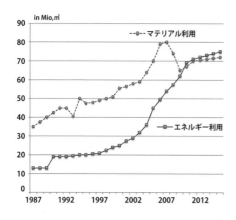

グラフ1：ドイツにおける木材のマテリアル利用とエネルギー利用の推移（参照：Mantau (2012)：Holzrohstoffbilanz Deutschland, Uni Hamburg）

鎖や倒産に追い込まれる製紙工場やパーティクルボード工場も出て来ている。筆者が住む南西ドイツ地域でも、2件の工場が閉鎖された。木質エネルギー利用への偏った助成が原因で、カスケード利用と地域木材クラスターのバランスが崩れ、地域にとっては大きな雇用の受け皿がなくなり、経済的に大きなダメージが生じた。

ドイツ木材産業連盟（VHI）は、木材のエネルギー利用の増加に対して、2010年のプレスリリースで、「ドイツは、自国にとってもっとも重要な資源である木材を、このように浪費することで、僅か数年の間で、同様に大半の木材を燃やしている発展途上国と同じレベルに落ちてしまった」と挑発的な文で社会に警告をしている。ハンブルク大学の木材技術、木材研究所のフリューヴァルト教授は「経済、環境の両方の観点から、誤った方向への発展であり、木の有意義な活用ではない」と酷評している。

安定供給、価格、マテリアルの不均質さ

バイオマスエネルギーは、同じ再生可能エネルギーであるソーラー、風力エネルギーと比べて、大きなデメリットがある。それは、エネルギー源（燃料）にお金がかかる、燃料を採取、加工、輸送しなければならない、ということである。

木質燃料は、石油やガスなど他の燃料に比べて「不均質」である。木質チップの発熱施設やガス化発電施設において効率的に経済的にエネルギー生産を行うためには、投入マテリアルの質が一定していることが重要である。林地残材で、一定の質を継続供給していくのはとても難しい。ドイツのバーデン・ヴュルテンベルク州の木質エネルギー協会は、2011年のレポートで、これを大きな

問題とて挙げている。質を一定にするために、チップの販売業者などが、森の中や近くにチップの一時貯蔵施設をつくり、そこで様々な林地の材材を一定割合で混合し、しっかり乾燥させてから、エネルギー施設に供給している。しかしこのロジスティック上の中間プロセスには手間とお金がかかる。

　また、木質燃料となる低質材は、マテリアル利用する材を収穫する際に生じる副産物である。よってチップの供給量は、木材市場の同行に左右される。2008年のリーマンショックのあと、製材品の需要がしばらく下がった。また、2009年以来、大嵐も大きな虫の害もない「普通の状態」が続いている。チップになる林地残材や製材残材の供給ポテンシャルが減った。
　1999年から2008年まで続いた風倒、虫の害、それによる通常以上の低質材の市場供給という異常事態に合わせてエネルギー施設を作りすぎた地域や場所もある。そのような場所では、チップの供給不足や取り合いも起こっている。また、極端な失敗事例であるが、森林資源が豊富で木材輸出国であるオーストリアの一部の地域で、木質発熱施設の燃料が足りなくなり、ニュージーランドやカナダ産のチップを海上輸送して仕入れなければならなくなっているところもある。

　天災の連続によって木材の供給過多の状態が続いたとき、暖房用オイルの価格の高騰も影響して、木質エネルギー施設がたくさん作られた。その後、普通の木材生産量に戻ると、需要過多、供給不足が起こった。需要と供給の経済原則により、木質燃料の価格は上昇した。ドイツでは、木質チップの価格は、2004年から2013年の10年間で、1トン当たり55ユーロから125ユーロと2倍以上に増えている。
　中央ヨーロッパの木質のエネルギー施設は、上記のような要因や問題から、経営的に厳しい施設がかなりたくさんある。倒産してしまった施設も少なくない。

森林土壌の劣化
　各地で木質エネルギー施設の建設が増加して森林への木質エネルギー材採取

の圧力が増したことで、森林土壌が劣化している状況も生み出されている。木質チップをよりたくさん製造するために全木集材（＝枝や葉っぱがついたまま原木を林道端に出す）が行われ、通常の伐採収穫作業では土に還されていた枝や葉っぱも森林から持ち出されている。

　土壌は、木材生産の重要な基盤である。土壌は生物の循環によって生成維持されており、木の葉っぱや枝は、土壌のサイクルにとって重要なミネラル分がたくさん含まれている。これがバイオマスエネルギーとして採取されると、土壌が劣化する。そうすると木の成長も弱ってくる。これは持続可能ではない。

　フライブルク森林研究所（FVA）は、土壌保全の理由から、全木でなく、枝葉を林地に残した全幹集材、少なくとも樹幹の部分は切り捨てて林地に残すことを推奨している。

　バーデン＝ヴェルテムベルク州では2011年、福島の事故のすぐ後に州議会の総選挙があり、緑の党が第１党となり政権についたが、森林管理において州有林の森林認証が、これまでのPEFCから、より環境規制の厳しいFSCに変更された。ドイツのFSCは、全木集材を禁止している。幹の８cm以下の部分は最低、林地に残さなければならない。

ロマンチックな薪暖炉と薪ストーブの問題

　ドイツでは、木材のマテリアル利用を若干上回っているエネルギー利用であるが、その内３割から４割は、「薪」である。その大半が、一般家庭の暖炉や薪ストーブなどに使われている。「木の炎は心も暖かくする」とよく言われるが、人の気持ちを落ち着かせる作用がある。居間の暖炉や薪ストーブで木が燃えている光景は、多くの人をロマンチックな気分にさせる。

　人の心を暖かくする暖炉や薪ストーブであるが、排出される煤煙には、人間の健康に害を与える、気管支炎やガンを引き起こす有毒の粒子状物質が含まれている。昨今話題になっているディーゼルエンジンの排ガスと同じ性質のものである。様々な木質燃焼装置の中でも、暖炉や薪ストーブは、ボイラーなど他の燃焼装置に比べ、粒子状物質に関する技術的規制と措置が遅れたため、汚染

の問題になっている。ドイツ環境省は2016年、「家庭用暖炉や薪ストーブなど木質燃焼装置から排出される粒子状物質の量は年間2万6,000トン、自動車やトラックの燃焼装置由来の粒子状物質の量を上回っている」と深刻な状況を発表した。とりわけ人口が密集する都市部では、大きな問題になっている。パリでは、2015年1月、開放式の暖炉の使用を禁止する命令が出された。

　ドイツでは、2010年に、それまで規制がなかった小型薪ストーブと暖炉に、煤煙排出規制が施行され、メーカーに技術的な措置を義務付け、古い燃焼装置を使用しているユーザーに、段階的に、技術的改修（煤煙減少装置やフィルターの後付け）や新しい装置との交換を義務付けている。今年2017年は、年末までに、33年以上前の暖炉と薪ストーブの使用を完全に止めること、もしくは基準値をクリアした新しい装置と取り替えることが義務付けられている。

　新しい暖炉や薪ストーブには、粒子状物質排出の規制がかけられているが、いくつかの調査や試験によれば、車の排ガス同様、メーカーが表示している実験室での排出量と、実際使用した場合の排出量に開きがあることが確認されている。
　二酸化炭素ニュートラルでクリーンと謳われている木質バイオマスエネルギーであるが、とりわけ家庭用の暖炉や薪ストーブは、人間の健康に害を与える有害な粒子状物質をたくさん排出している。全体で自動車やトラックより多くの有害物質を排出しているというドイツ環境省の報告は、深刻に受け止めなければならない。

　また、薪としては、重くエネルギー価が高い広葉樹が好まれるが、とりわけ農家林で、ブナやオーク材が切られ薪として加工乾燥され売られている。薪の需要が増え、価格がここ15年ほどで2倍から3倍に上がったことから、林業農家は、こぞって薪を生産している。製材品や化粧板材やパルプ材にならないものがカスケード利用で売られるのであればいいが、現実はそうではない。シュヴァルツヴァルトの私有林のサポートをする森林官の話では、比較的質のいいものまで、薪にして売られている。また、しっかりじっくり育てれば、将来価

値の高い家具材になるような木が、若いうちに切られているケースもある。筆者自身も、シュヴァルツヴァルトに住み森をよく散歩したりするが、「薪になるのはもったいない」と残念になるような1ｍの丸太が、薪割りように集積されている現場に何度か遭遇した。

日本での木質エネルギーの展望

　日本では、2011年の福島の原発事故をきっかけに、再生可能エネルギー推進の一環として、木質バイオマスエネルギーに注目が集まり、政治的な支援も受けブームが起こった。筆者は、2011年来、ドイツの専門家の仲間と一緒に、日本において講演や記事の執筆などで、ここに書いたような木質バイオマスエネルギーの問題や課題、ヨーロッパの苦い経験を正直に伝え、ヨーロッパの失敗を日本が繰り返さないように警鐘を鳴らしてきた。
　しかし残念ながらそのメッセージは、ブームに押し消されてしまった。日本は、中央ヨーロッパが犯した失敗を、2倍から3倍の時間スピードで繰り返している。大小の木質エネルギー施設が各地にできているが、その多くが、原料の安定供給の問題、原料の価格の高騰、マテリアルが不均質なところからくる技術的問題など、中央ヨーロッパと同様の問題を抱えている。

　それらの問題の深刻さの度合いは中央ヨーロッパより高い。というのは、日本にはドイツの2倍以上の森林面積があるが、木材を安定して効率的に持続的に供給するための森林インフラ（道）がほぼ未整備で、人材育成の仕組みも不十分である。カスケード利用の上位に当たる価格の高い家具材や建築用材も、安定して供給できるような条件が整っていない状況、木材自給率25％の状況で、残材である木質バイオマスが安定して供給できると考えるのは無理がある。
　大きな木質バイオマス発電施設ができた地域では、過剰な森林伐採が進み、建築用のB材までもエネルギー材として燃やされている。当然のこととして、既存の木材工場と材の取り合いも起こっている。「木質バイオマスエネルギーが支援されているおかげで、自分のところに材が来なくなった」と地域木材工場からの悲鳴の声も聞く。
　薪の需要も徐々に増えているが、筆者が見たいくつかの事例では、持続的に

供給できない、製材やパルプにできるような木材が薪にされている、将来の家具材候補が伐採されているなど、問題がある。札幌などの寒冷地の都市部でもブームがおこっているが、空気汚染、健康被害の進行が心配である。

　過剰な木質バイオマスエネルギー利用は、地域の将来、すなわち森林の国土保全機能やレクリエーション機能、そして地域木材産業発展のポテンシャルを台無しにしてしまう恐れがある。先に紹介したハンブルク大学木材学研究所のフリューヴァルト教授は、2011年の「木質エネルギーの限界はどこにあるか」というシンポジウムで、挑発的なメッセージを投げかけている。
　「私たちは自分たちの将来を燃やすのか？　もしくはすでに燃やし始めているのか？　煙は煙突からだけでなく、私たち人間の頭からも出してよく考えましょう！」

図1：木を燃やすことは将来を燃やすことか？（©Saga Degin Seeds）

　森林は、国土を守り、水を作り、多様な用途の木材を供給し、地域の経済クラスターを支え、そして絶好のレクリエーションの場でもある。日本にある大きな豊かな資源であり未来に受け継ぐ資産である。その大切な資産を維持育て

ながら、地域に持続的に様々な利益を与えるように使っていくためには、その場その場のブームや短期的な経済メリットに惑わされない確固たるコンセプトが必要だ。

　電力生産では、風力や太陽光の２倍から４倍の生産コストがかかり、さらに原料供給と価格の問題、技術的問題、ロジスティック面での問題、地域経済の問題、環境汚染と健康被害の問題などたくさんの問題とリスクを抱えている木質バイオマスエネルギー。ヨーロッパで従来からあるような、製材工場で出てくる残材を、製材品の人工乾燥の熱源として使うなど、環境社会負荷やリスクの少ない方法はある。しかし、それ以外の問題やリスクがあることに、あえてチャレンジする価値はあるのだろうか？　風力や太陽光のように、原料費がかからなく、はるかに安価で、問題やリスクも少ない解決方法があるのだから、そちらを優先してやる方が賢いと筆者は思う。

2-4　農業型バイオガスと持続可能な発酵原料の追求（滝川薫）

エネルギー作物の増加に伴い高まっていった批判

　ドイツには9,000基のバイオガス設備があり、電力生産の5％を担っている。そのほとんどが「農業・農家型」の設備である。農家に設置され、家畜の糞尿やエネルギー作物を発酵原料とし、ガスは電熱併給に使われる。現在のところ発酵原料の4割は家畜の糞尿であるが、5割にはエネルギー作物が用いられている。そしてバイオガス用のエネルギー作物を生産するために、農地の8％が使われている。

　このようにドイツでエネルギー作物利用が普及した背景には、2004年から2014年までの間、買取制度の中でエネルギー作物の利用に対してボーナスが設けられて、促進されてきたという事情がある。それにより農家型のバイオガス設備の設置数が増えると同時に、エネルギー作物の生産量も増えた。多くの農家にとっては農作物の市場価格が低迷する中、バイオガス事業が農業の継続を支える重要な収入源となっていった。しかしエネルギー作物の栽培面積が増えるにつれて、社会では様々な批判やバッシングの声が聞かれるようになった。

　その1つはトウモロコシを巡るものである。ドイツで生産されているエネルギー作物の7割が飼料用トウモロコシのサイレージだ。飼料用トウモロコシは、長年の品種改良により面積あたりのバイオマス収穫量が非常に大きい上、農家も栽培方法を熟知している。しかしトウモロコシ畑ばかりが増えると、農村の景観は単一的になり、生物多様性が減少し、害虫被害も増える。また従来的なトウモロコシ栽培では多くの農薬や肥料が使われているため、土壌や水系への負荷も増す。こうして、持続可能ではない方法によるエネルギー作物の増産に対する批判の目がバイオガス農家に向けられるようになった。

　同時に、エネルギー作物の栽培が食料供給に競合するという批判も聞かれるようになった。実際には、エネルギー作物の栽培により食料生産が脅かされるという事態にはドイツでは今のところなっていない。ドイツは食料をほぼ自給

している上、農地の6割が人間の食料ではなく、家畜の飼料の栽培に使われている。また食料生産と供給の効率という点からは、畑から食卓に到るまでに食品の1/3がフードウェイスト（食品廃棄）として捨てられている事実の方が深刻な問題である。

オルタナティブで持続可能な発酵原料の追求

　このような中、2012年の再生可能エネルギー法の改訂では、発酵原料に占める穀物とトウモロコシの割合に上限が導入された。現在その割合は5割となっており、2021年には4割に引き下げられる予定だ。こういった発展と平行して、後述するような環境への負担や食物生産への影響が少ないオルタナティブなエネルギー作物やその栽培方法の研究も進められてきた。

　今日、ドイツのバイオガス農家を取り巻く制度的・市場的な環境は厳しくなっている。太陽光や風力の発電コストが大幅に下がる一方で、発酵原料を要するバイオガスの発電コストは20セント程度に高止まりし、今後も下がる見込みはない。再生可能エネルギー法におけるバイオガス電力の買取条件の悪化や入札制度の開始により、現在では設備の新設はほぼ皆無に近い。

　そのため2021年以降に買取が終了していくと、運転終了となる設備が少なからず出てくると予測されている。今後も生き残ることのできる農家型バイオガス発電の条件には、市場の需給状況に応じたフレキシブルな運転ができる設備であることや、廃熱を販売できる地域熱供給のインフラを備えていること、そして低コストでエコロジカルな発酵原料を用いる設備であることなどが挙げられる。

写真16：オルタナティブなエネルギー作物として注目されている多年草のツキヌキオグルマの花　（©Takigawa/Wassmann）

ひるがえって日本の農業の現状を見れば食料自給率（カロリーベース）は非常に低く、4割を下回る。同時に農地の一割を耕作放棄地が占めるようになっている。本来ならばエネルギー作物ではなく、食料を生産するべき状況だ。だが農業従事者の高齢化と並んで、農作物の販売から十分な収益が得られないことが耕作放棄の主要な原因の一つになっている。そのことを考えれば、放棄地の一部において持続可能な手法でエネルギー作物を栽培することにより農地の荒廃を回避するのも、将来的に日本の食料自給率を上げて行くための一つの道だろう。

本節では、オルタナティブなエネルギー作物を用いたドイツの有機農家のバイオガス施設の事例と、残渣や廃棄物のみを発酵原料として運転しているスイスの農家の事例を紹介する。いずれの事例においても、廃熱を高い割合で活用しているという点で、バイオマス資源を無駄なく使う好事例である。

事例1：ドイツ、有機農家ブーヘリ家の持続可能なエネルギー作物生産

ブーヘリ家は南ドイツ・ガイリンゲン村で有機農業を営む農家である。50haの農地で様々な穀物やじゃがいも、果樹、家畜の飼料とエネルギー作物を栽培している他、30haの牧草地で35頭の乳牛を飼育している。また地域の自然保護地帯15haの草刈りも請け負っている。

2008年にブーヘリ家の敷地には、地域の市民エネルギー会社であるソーラーコンプレックス社の費用負担により、バイオガス・コージェネ設備一式が設置された。毎日の運転や発酵原料の生産・手配・投入はご主人のハイナー・ブーヘリさんが行っている。その報酬・経費として、ソーラーコンプレックス社から売電収入の一部がブーヘリ家に支払われる仕組みだ。バイオガスの一部は農家に設置された発電出力100kWのコージェネで燃やし、排熱は発酵炉の保温や3棟の家屋の暖房と給湯に利用。残りのガスは1.2km離れた病院施設まで専用のガス管を介して運び、病院に設置した発電出力180kWのコージェネで発電。こちらの廃熱は全量をソーラーコンプレックス社が病院に販売している。

10年間に渡りバイオガス発酵設備と日々向かい合ってきたブーヘリさんは、

写真17：有機農家ブーヘリ家で発酵原料として栽培されているバイオガス用の野草のミックス。飼料用トウモロコシやヒマワリも混ぜて植えられている。農薬が要らず毎年作付けする必要がない（©Takigawa/Wassmann）

　できる限り食物生産と競合せず、環境的で経済的に栽培された発酵原料を用いるべく工夫を重ねてきた。発酵原料には、自家と地域の４軒のパートナー農家からの家畜の糞尿とエネルギー作物を利用している。その４割は家畜からの糞尿だ。その他の原料としては、自然保護地帯で刈った草、牧草、クローバー、飼料用ライムギやライ小麦の全草サイレージ、甜菜（テンサイ）の他、後述する野草のミックスやツキヌキオグルマも使っている。必要最低限を投入している飼料用トウモロコシの栽培では、トウモロコシとヒマワリ等を混合栽培することで地力を維持し、雑草が生えにくい環境を作り、景観や環境にも多様性を与えている。

　近年ブーヘリさんが力を入れて栽培してきたのが野草のミックスである。これはバイオガスの発酵原料として適した植物の種のミックスで、スーダングラスやコーリャン（もろこし）といった大型の一年草から、在来種の多年草までが含まれる。様々な花が咲くのでミツバチやその他の昆虫にとっても価値の高い農地である他、肥料や農薬が不要である。５年に一度撒きなおせば良いので耕作の手間やコストも少ない。ブーヘリさんの経験によると収穫量はトウモロコシのサイレージの６〜８割であるが、栽培コストも低いので経済性は良好だという。冬の間も土が被覆されているので表土の流出も防止できる。

このような多様なエネルギー作物の活用により、ブーヘリ家の発酵原料に占める飼料用トウモロコシの割合は非常に少ない。
　「トウモロコシの割合は月によっては発酵原料の1割以下の時もあります。一年平均ですと25%を下回ります。それでも十分なバイオガスが得られています」と、ブーヘリさんは語る。ドイツの中でも環境性において模範的なバイオガス農家である。

> **コラム：オルタナティブなエネルギー作物とその栽培手法の探求**
>
> 　ドイツでは長年に渡り多様なエネルギー作物の研究や実証栽培が進められてきた。
>
> 　その代表的なものが、連邦食物・農業・消費者保護省の支援を受けて2005年から15年にかけてドイツ全土で展開されてきた研究プロジェクトEVA「ドイツの多様な立地条件下における、エネルギー作物の農業生産のための最適栽培システムの開発と比較」である。11年の時間をかけて、地域別の土壌や気候に合った、環境への負荷も小さなエネルギー作物や、食用作物、緑肥を組み合わせた輪作手法を、各地で実験栽培・精査した。そして、その結果から得られた認識は、地域別の指導書として発刊されている。
>
> 　こういったオルタナティブなエネルギー作物の多くは一年草であるが、多年草にもバイオガスの発酵原料として適した種がいくつかある。中でも最も注目され、作付け面積が少しずつ増えてきているのがツキヌキオグルマ（シルフィウム・ペルフォリアートゥム）である。日本でも外来種として定着している植物で、丈は2m以上にもなり、7月から9月まで小さなヒマワリのような黄色い花を多く咲かせる。多年草であるため、一旦定着すれば10年以上にも渡り同じ畑から収穫を続けられる。また堅強で農薬を必要としない。初年度は株が小さく収穫できないが、10年平均では飼料用トウモロコシよりもバイオマス収穫量（乾燥重量）が大きいという。その花畑は養蜂にも利用できる上、農的景観の美化にも貢献する。近年ではバイオガス向けの品種改良や栽培手法の最適化も進められている。

事例2：スイス、残渣のみを用いるミュラー家の農家型バイオガス

　ドイツと異なりスイスではエネルギー作物を促進しない政策が取られてきた。そのため農家型のバイオガス設備は、家畜の糞尿と様々な廃棄物を発酵原料として運転されている。そのような例が北スイス・タインゲン村で農業を営むミュラー家のバイオガス設備である。ミュラー家では100haの農地で一年に1,000トンのジャガイモと350頭の肉牛、そして牛に与える飼料を生産している。企業家精神の旺盛なミュラー夫妻は、農業と並行して2012年にミュラー・エネルギー社を設立した。

　「きっかけは天候や農業政策に左右されない事業の柱をひとつ作ることでした」と、共同経営者のアンドレア・ミュラーさんは語る。今日では、太陽光発電、バイオガスによる発電、そしてコージェネからの熱とチップボイラーの熱を合わせた地域熱供給を行っている。熱供給では徐々に顧客数を増やし、現在は2.4kmの熱供給網を介して、250世帯の住宅と4社の手工業、そして小学校に熱を販売するに至っている。

　ミュラー家では2013年に発電出力130kW、発熱出力175kWのバイオガス・コージェネ設備を導入した。発電した電気は買取制度を用いて売電している。メインの発酵原料は、自家と近所の農家からの家畜の糞尿、年8,000トンである。これと混ぜ合わせて、自家や近所で生じる様々な残渣や廃棄物が発酵させられている。具体的にはじゃがいもの収穫残渣、作物の出荷時に出る残渣（じゃがいも、ニンジン、サラダ、玉ねぎ、ネギ等）、緑肥、近所の製粉工場で出る小麦もみ殻、養鶏所の鶏糞、刈った芝、落ち葉、草など、合わせて年3,000トンになる。無料で受け取る残渣もあれば、処理料金を受け取る「廃棄物」もある。残渣の納入契約は交わしていないが、常に十分な発酵資源が地域内で得られているという。

　バイオガスを取り出した後の発酵残渣は、家畜の糞尿を納入する農家や自家の農場に肥料として撒いており、それにより毎年200トンの化学肥料を節約することに繋がっている。発酵前の糞尿と比べて、発酵残渣は悪臭がせず、植物に吸収されやすいため、地域の農家からは好評だ。廃熱についても、熱需要がピークとなる冬は全量、熱需要が少ない夏でも7割が使われている。夏にも廃

熱を無駄なく利用するために、廃熱を利用した薪の乾燥設備を作り、地域の薪製造業者に乾燥サービスを提供する事業も始めた。このようにミュラー家では、地域で生じる様々な農作物の残渣を余すところなくビジネスに活用しながらタイインゲン村のエネルギー自立に貢献している。

写真18：エネルギー農家ミュラー家の全景。左端がバイオガス設備 （©www.unterbuck.ch）

写真19：バイオガス発酵炉やタンクは地下化されており、周辺からはコージェネとサイロの建屋以外は見えない。住宅地から近いため景観に配慮された。地下化することにより、発酵炉からの熱損失が抑えられる上、タンクの温度が通年で安定するのでガス品質を良好に保つことができるという（©www.unterbuck.ch）

写真20：残渣が中心のミュラー家のバイオガス設備の発酵原料サイロ。その時に納入される残渣によって発酵資源が異なる（©Takigawa/Wassmann）

第2章　再生可能エネルギーと自然保全の両立　73

2-5　水力利用と河川の再自然化政策の両立　（滝川薫）

小水力は既存立地の再生と更新が中心
　欧州中部では水力利用の長い歴史の中で、有意義なポテンシャルのある立地の大部分が既に利用されている。そのため残されたポテンシャルを活用する上では、水系環境への悪影響をこれ以上増やさないことが原則となる。例えば山国のスイスでは電力の6割を水力で発電している。10MW以下の小水力発電だけでも1,700カ所がある。相応に河川環境の保全と改善を推進する市民運動の歴史も長く、その結果として後述するような河川の自然回復を行う再自然化政策が実施されてきた。同時に国のエネルギー政策では、水力による発電量を2050年までに2割増やすことを持続可能な目標として掲げている。本節ではスイスを例に、水力増産と河川の再自然化の政策がどのように両立されているのかを紹介する。

　スイスでは、州が水力発電の新設や改修において水利権授与と許認可を行い、同時に州域における水系再自然化の実施を管轄している。水利権の期間は40～80年と長期に及ぶため、水力発電所の許認可のハードルは非常に高い。水系や環境、景観、空間計画、漁業関連の厳しい法規をクリアするだけでは不十分で、地域の環境団体や漁業団体の同意が許認可の前提となっている。そのため発電事業者は、プロジェクトの初期からこれらの団体と協議を重ねて、同意を得られるようなプロジェクトを作らねばならない。3MW以上の設備では環境アセスメントも求められる。環境保全に関しては、魚の通行性の確保、残流水量の確保、土砂の移動性の確保、増水・減水の回避の4つが主要な対策分野になる。こうしたプロセスにより、実際には法規が求める以上の環境や景観への配慮が行われることになるため、当初の計画よりも発電規模が縮小するケースも多い。

　小規模な小水力（300kW未満）の場合、このような制約の中で経済的に運用できる発電所を作るためには、自然環境が堰や護岸により既に大きく損なわれている立地を活用する選択肢しかない。以前水力発電所があった立地の再生

写真21・22・23：フラウエンフェルト市の都市エネルギー公社が運転する100kWの小水力発電所。以前に水力発電所のあった工業用水路の立地を再生した。写真16は魚道（水を流す前の状態）、写真17は魚道の上に設けられたビーバー用路を歩くビーバー（©Peter Osterwalder / Werkbetriebe Frauenfeld）

や、既存設備のリニューアルによる拡張（リパワリング）である。その際には魚道が設置されるため、発電所の設置が魚の通行性を再生させることにもつながる。より規模の大きな小水力では、それまでに水力利用を行っていなかった立地に新設されるケースも中にはあるが、その場合には非常に広範囲な負荷回避や自然代償の対策が求められる。このように新規であっても、更新・拡張であっても、水力開発により河川に追加のエコロジー的な価値を生じさせるような制度になっている。

水力発電による河川への悪影響を取り除く政策

　スイスの水系政策は、水系に再び十分な場所と水量を与えて、良好な水質と水系環境を保全・回復していくことを目標としている。1970年代後半には近自然河川工法が導入され、以来、河川の再自然化が継続的に進められてきた。河川の再自然化には、護岸の除去により川の岸や底を自然に近い構造に改修して川がダイナミックに発展できる場所を与える対策や、堰の改修や除去により魚の通行性を再生する対策、あるいは洪水時に遊水させる農地や河畔林を設ける対策などがある。それにより河川の生態系を再生し、地下水源を守り、洪水による被害を防止する機能を高めていくと同時に、住民にとっての生活や景観の質を向上させてゆく。

1991年には水系保護法の中で、水系を総合的なエコシステムとして守り、保全し、再生することが定められた。しかし多くの再自然化プロジェクトは予算不足により進行が遅れがちであった。2000年代になると、この状況に抗議し、再自然化の推進強化を求める環境団体と漁業連盟、市民による政治的圧力が極度に高まっていった。その結果、2011年に連邦政府は改訂・強化した水系保護法を施行することになった。具体的には、水系の中で人工的な構造になっている1.6万kmのうち4,000kmを2090年までに再自然化していくことが目標に定められ、そのために国と州は再自然化対策のための予算を年6,000万スイスフラン（約72億円）に増やした。

　これに加えて、2030年までに既存の水力発電所が水系に及ぼす河川環境への悪影響を取り除くことが発電事業者に義務付けられた。その費用を捻出するために高圧系統利用料金に1kWhあたり0.1ラッペン（約0.12円）が上乗せされ、そこから得られる年5,000万スイスフラン（約60億円）が事業者に対策費用として支払われている。支払いの対象は既存の発電設備のみで、新設や拡張・更新の設備における回避・代償の費用は事業者が負担しなければならない。既存の設備で実施されるのは、前項で触れた4分野での環境保全対策である。
　州ではこの再自然化政策を実施していくために、州域の全水系を対象とした再自然化計画を策定し、どのような優先順位で再自然化を進めて行くのかを決めている。こういった政策により現在スイスでは、一度は治水や水力利用により人工的な構造に変えられた河川を、数十年かけて徐々に自然に近い形に戻していくというプロジェクトが全国的に進められている。

水力税による再自然化の資金作り 〜ベルン州の場合

　再自然化のための資金不足の問題はスイスでは90年代には既に認識されていた。国や州の予算があっても自治体が負担分を捻出できないというケースである。そして、そのようなプロジェクトのために、民間や公共の様々な補助基金が設けられてきた。ここではその中から、水力利用による収入の一部を活用して再自然化プロジェクトへの補助財源を作る仕組みを二つ紹介する。こういった仕組みは、地域社会における水力利用への受容度を増すものとなっている。

写真24：100年以上の歴史を持つラインフェルデン発電所（ライン川）は2011年に総改修を行い、更新・拡張された。新しい設備への交換により発電量を3倍に増やすと同時に、エコロジー面でも大規模な代償対策が実施されている。再自然化対策の一環として魚が上下流の双方に移動できる魚道・産卵場所や、上下流の近自然な河畔構造が設けられた。出力の大きな設備（100MW）ならではの効果も大きな再自然化対策が行われている（©Energiedienst Holding AG / Luftaufnahmen Meyer, Hasel）

　その1つがベルン州の再自然化基金である。同基金は90年代に河川環境の悪化と魚の捕獲数の減退に危機を感じたベルン州の漁業組合と環境団体が住民発議した法案が、1997年の住民投票で可決されたことにより発足した。これにより水利法の中に、州が電力会社から毎年受け取る水利税収（囲み記事）の10%を特別財源として基金に入れ、再自然化の補助に用いるという条項が書きこまれた。水力利用は水系の環境を損なう原因の一つであるため、水力税収を再自然化基金の資金に用いることが適切だと考えられた。

　以来、ベルン州では年400万スイスフラン（約5.6億円）がこの再自然化基金

に入れられている。そして同基金の活用により2015年末までに1,000近くの再自然化対策が実施された。基金では、限られた資金源で出来る限り多くの再自然化プロジェクトを実現するために、プロジェクトのコストのごく一部しか補助していない。基金の目的は、これを原資として再自然化事業に関する国や州、民間企業からの様々な補助金を総動員させることにあるためだ。この基金の導入により、ベルン州では各地で大小の川の再自然化が着実に進行している。

写真25：ベルン州の再自然化基金を利用してアーレ川の一部を再自然化したプロジェクト。1kmの長さに渡り川幅を30〜50m広げ、コンクリート護岸を除去し、3つの分岐流を作った。断絶されていた分岐流や河畔林、湾入部を川につなぐ事により再生し、洪水防止に役立てている。これらの対策により、川底の浸食防止と地下水位の低下問題を解決する。再自然化後の河畔は住民に人気の余暇スポットとなっている　（©Takigawa）

写真26：バーゼル地方にある市民エネルギー協同組合ADEVの小水力発電所（320kW）。ネイチャーメイド・スター認証を受けており、収益の一部は水系再自然化のためのエコ基金に入れられる（©swissmallhydro/ADEV）

地元の川の再自然化が進む電力商品 〜ネイチャーメイド・スター認証の場合

　水力利用による収入から再自然化プロジェクトへの補助資金を作るもう1つの仕組みが、スイスでは知名度の高いグリーン電力認証である「ネイチャーメイド・スター」である。20年前に環境団体と消費者団体、電力事業者団体が協力し、再エネ電力の商品化と推進を目的として導入された認証だ。今日ではスイス各地の電力小売り会社が、ネイチャーメイド・スター印の再エネ電力商品を販売している。

　ネイチャーメイド・スター認証を受けるためには、ヨーロッパでも最も厳しい環境基準を満たした再エネ発電所であることが求められる。加えてネイチャーメイド・スター印の電力を購入すると、1kWhあたり1ラッペン（1.2円）がエコ基金に入れられる。そしてこの基金から、認証を受けた発電所の周辺の再自然化プロジェクトに補助金が出される。エコ基金には2000年から2016年末までの間に8,800万スイスフラン（約105億円）が集まった。基金のお金を用いた再自然化プロジェクトは、水力事業者と地元の環境団体、行政の協力体制の下、地域密着で実施されている。

例えば、北スイスの人口3.6万人の町、シャフハウゼン市の都市エネルギー公社でも、ライン川にある自社の河川発電所（25MW）でネイチャーメイド・スター認証を取得し、2003年からその電力を市民に販売してきた。そして、これまでにエコ基金を活用して発電所上流の河岸を6kmに渡り再自然化している。地元の河川発電所からの電力を購入することにより、地元の川の自然環境が目に見える形で改善されていくため、ネイチャーメイドの電力商品は住民に人気が高い。都市エネルギー公社にとっては、地域社会への付加価値の高い再エネ電力商品を販売することで、企業と発電所のイメージを向上させ、顧客である住民との関係を強化できるというメリットがある。

コラム：山間自治体の貴重な収入源となる水力税

スイスでは100年前より水力利用に対して水力税という税金が導入されている。具体的には出力1MW以上の水力発電設備の事業者は、水利権の授与元である州や自治体に対して、平均水量から算出される出力に応じて水力税を支払わなくてはならない。この税収は州や自治体が自由に使える財源のため、水資源の豊富なアルプスの山間地域にとっては非常に重要な税収源となっている。その税収は九州ほどの大きさのスイスで年5.5億スイスフラン（660億円）にのぼる。再エネ資源を地域の公共財と捉え、一定規模以上の利用に課税することで地方財政を潤す制度である。

▶第**2**部

「ポストFIT」のエネルギーヴェンデの新ビジネス

〜ドイツにおける再エネの電力システムへの統合

3章
安価な再エネ電力の直接消費によるビジネス

村上敦・滝川薫

3-1　FITからFIPへ ～直接販売と入札制度への移行(村上敦)

変動性再エネの価格破壊

　世界的に再エネを大量生産、および大量設置したことで、世界的にもっとも利用可能な賦存量（ポテンシャル）が大きい太陽光発電、および風力発電による発電価格が急落した。この二つの電源は、変動性再エネ（Variable Renewable Energy＝VRE）と呼ばれる。

　例えば、再エネ分野でドイツを代表するシンクタンク「Agora-Energiewende」（アゴラ・エネルギーヴェンデ）が2016年末に取りまとめた資料では、太陽光発電の発電コスト（事業者の利益も含む）は、チリにおけるプロジェクトで3.4円/kWh、アラブ首長国連邦では3.5円/kWh、メキシコで4.1円/kWhなど燃料を必要とする在来型電源では実現不可能なほど安価な発電源になっている。これらは日照時間の長い地域におけるプロジェクトでもあるが、過去20年間で発電コストが世界中で1/10程度になっている最大の要因は、太陽光発電が大量に生産・設置されるようになったことで経験曲線効果がいかんなく発揮されたことによる。とりわけ太陽光発電パネル生産の分野では、技術革新による性能向上と量産効果が、教科書通りに進展されてきた。

　フラウンホーファー研究所ISE（独）、産総研太陽光発電工学研究センターAIST（日）、国立再生可能エネルギー研究所NREL（米）の世界三大太陽光発電研究機関による2015年の共同研究では、世界のほとんどの大陸における小規模から大規模までの太陽光発電の発電コストは、2035年には2.5円～8円/kWh程度に収束してゆく予測が発表されている。

　「地球上、ほとんどどこでも発電できる」という大きな利点を持つ太陽光発電の価格が、ここまで低下してゆくなら、その他の電源で太刀打ちできるものはない。

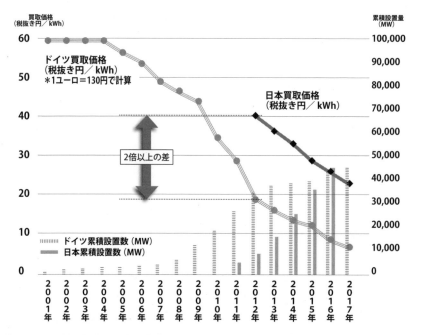

グラフ１：日独の野立て太陽光発電の買取価格の推移と累積設置量
注１：買取価格については、日本の年度は４月から開始されるものを採用し、ドイツは毎月推移してゆくため、年間平均を採用
注２：設置量の数値は実績。ドイツの実績は連邦経済・エネルギー省の統計値、日本の実績は一つで信頼足る資料が見当たらないので、経済産業省、電気事業者連合、自然エネルギー財団、環境エネルギー政策研究所などの公表値をもとに著者が概算で取りまとめた。

　グラフ１に示したように野立ての太陽光発電だけではなく、屋根置きの小型、中型の太陽光発電においても、グラフ２のように設置工事費込みのシステム価格は、順調に、急速に値下がりを続け、今では「これ以上安価になると、職人が屋根に登って施工する意味がなくなる」という価格帯（下限目安10～15万円/kW）まで低下しきっている。今後も、屋根乗せについてはある程度の価格低下が進むだろうが、それは技術革新でパネルの発電効率が上昇したり、わずかにパワコンの販売単価が低下した、などといった事柄によって引き起こされる程度の、ゆっくりとしたものになるだろう。

グラフ２：ドイツにおける屋根置きで３〜10kWp出力の小型太陽光発電を設置した時の平均的なシステム価格（設置工事費込み、税抜き、単位：万円/kW、１ユーロ＝130円とした）
（出典：BSWSolar、EuPD Research）

　このようにドイツにおいて太陽光発電（PV）は、屋根置きか野立てか、メガソーラーか家庭用か、といった種別、規模を問わず、以下のようなグリッドパリティ（再エネ電力価格が小売りの電気料金と同等のコストになる点）と呼ばれているポイントをすでに通過している。

１．家庭用の電力価格と小型屋根乗せPVとのグリッドパリティ（25〜30円/kWh）が2012年に到来

２．民生業務用の電力価格と中型屋根乗せPVのグリッドパリティ（15〜20円/kWh）が2013〜14年に到来

３．産業用の電力価格と大型屋根乗せPVのグリッドパリティ（8〜15円/kWh）が2016〜17年に到来

４．家庭用の電力価格と小型屋根乗せPVに蓄電池を加えたシステムのグリッドパリティ（30円/kWh前後）が2017〜2019年には到来予測（一部メーカーのシステムでは到来済み）

これらの4段階を通過して、太陽光発電は自家発電としてはもっとも安価な電源となっている。

こうした価格低下によってドイツでは、本章で紹介してゆく、各種の自家消費モデルが意味を持つようになっているし、第5章で紹介する家庭用電力と「太陽光発電＋バッテリー」を組み合わせた新しいビジネスモデルも派生している。

風力発電でも価格低下と技術革新が進む

同時に風力発電でも、経験曲線効果がいかんなく発揮され、価格低下の進展は続けられている。先述した「Agora-Energiewende」によると、すでに2016年にはモロッコでのプロジェクトで3.4円/kWh、ペルーで4.3円/kWh、アメリカで5.5円/kWh、ブラジルで5.7円/kWhのプロジェクトが実施されている。ただし、風力発電に価格低下をもたらした大きな要因は、量産効果でコモディティ化した商品となった太陽光発電のケースとは異なり、過去30年間におよぶ技術革新に加えて、大型化、そして風車の塔が高くなった影響が大きい。

そして単に風況の良い場所における価格低下だけではなく、過去の技術では陸上風力には適さないと考えられていた、例えば地上高70m地点での年間平均風速が5.0〜5.5m/s以下のところであっても、風車の塔は140mとより高く、風車のブレードは50mを超えるなどより長く、そして発電タービンは（大きな抵抗にならないように）それほど大型化しないで2〜3MW出力に据え置くような新しい発想の風力発電の開発も進められてきた。微風風力発電と呼ばれるこうした技術革新によって、風況にそれほど恵まれない場所でも、より高い設備利用率での稼働を前提に、設置が可能になっている。

つまり、日照条件には風況ほどの大きな差が生じないので、価格低下に集中していった太陽光発電のようなモデルと、風況が比較的悪いため以前には風車設置が実現しなかった地点でも、設置できるようにしてきた風力発電の価格低下の進展の意味は、単にFITの買取価格の低下だけでは表現できない優位なポイントがある。風力発電は、基本的には風況の良いところから順に設置が進められるという性格を、日射の良いところからという太陽光発電以上に強く持つからだ。

そして将来の価格低下の進展の場面では、とりわけ陸上よりも風況が大幅に

良い洋上への進出が挙げられる。例えば、2017年のドイツの洋上風力発電では、固定価格買取制度ではなく、次節で説明するプレミアムモデルと入札制度が導入されているが、優先接続、優先給電さえ権利として与えれば、プレミアムは不要なプロジェクトが参加するようになっており、近年の著しい技術革新と価格低下を象徴している。

　世界的には、太陽光発電と並んで、風力発電も、燃料を必要とするその他の既存発電所とは勝負にならないほど低価格が進んでいる現実がある。

固定価格買取制度からフィードインプレミアム制度へ

　前項で紹介したように、とりわけ太陽光発電と風力発電の価格低下が進展し、さらなる低下が予測され、同時にその設備容量も大きくなってきたため、ドイツでは2009年からFITだけではなく、再エネ事業者が「直接販売」と呼ばれる方式を選択できるような制度が導入された。また2012年の法改正では、この直

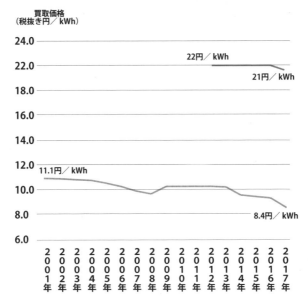

グラフ3：日独の陸上風力発電の買取価格の推移（単位：円/kWh、1ユーロ=130円で計算）
注1：買取価格については、日本の年度は4月から開始されるもの（2017年のみは9月から）をその年の値とした。ドイツは風車の置かれる場所の風況によって買取価格が変動したり、毎月推移したりするため、標準風況地での年間平均値を採用した

第3章　安価な再エネ電力の直接消費によるビジネス　　07

接販売モデルへの移行を促すインセンティブが与えられ、フィードインプレミアム制度（FIP）として確立し、導入された。また、2014年からの再エネの新設分からは、一定出力以上の再エネ設備についてはFIPのみが適用されるようになり、家庭用の小型太陽光発電などの例外を除いてFITからは離脱している。
　ドイツにおけるフィードインプレミアム制度（FIP、直接販売と市場プレミアムの複合モデル）とは、以下のような制度になっている。

1．再エネ事業者は自身の電力をFITの固定価格買取制度で買い上げてもらうのか、FIPと呼ばれるプレミアムを享受する制度に移行するのか、一か月ごとに自身で決められるようになった（2013年末までに建設された再エネ施設）。2014年以降の新設分はFIPのみの適用となった。
2．FIPを採択すると、自身で発電した再エネ電力は、自身で売却先を見つけ、販売しなければならない。その際には、自身で売電した売上に追加する形で、再エネ事業者は市場プレミアムと呼ばれる「MP」と、マネジメントプレミアムと呼ばれる「MMP」を系統運営事業者から得ることができる（この支払い負担分は、FITの賦課金の会計と同一にしている）。
3．「MP」は、FITで想定されていた買取価格「AW」から、毎月の電力取引市場のスポット市場価格の平均値に該当する「MW」を差し引いたものである。またMWは、単純平均価格ではなく、再エネの種別で計算手法が異なる。

計算例：
・FITでの再エネ事業者の売上＝AWで固定
・FIPでの再エネ事業者の売上＝MP（＝AW-MW）＋自身での売電売上＋MMP-販売手数料

4．このFIPを推進する意味で、自身の電力を売却する手間、あるいは代行業者であるアグリゲーター（パワートレーダー）に支払う手数料などを勘考して「MMP」が作られた。
　例えば太陽光発電・風力発電の場合、「MMP」は2012年に1.2セント/kWhでスタートし、毎年低下してゆき、移行期間の終わる2015年には0.3

～0.5セント/kWhとなった。2016年からはMMPは消滅し、その代わりに「MP」を計算する際に、0.4セント/kWhの手数料価格を上乗せして計算することになっている

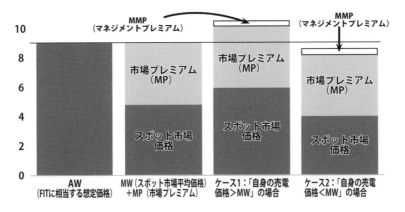

グラフ4：FIPの仕組み（風力発電のケースで、2012～2015年まではMMPがあり、2016年からはMMPはMPに含まれるようになっている）

「ポストFIT」の段階に突入

　FIPについて説明を加える前に、FIT制度の特徴を取りまとめておさらいしよう。

1．再エネを大量に設置することを目標としている
2．再エネの大量設置によって、再エネ価格を安価にすることも目標としていることも多い
（つまり、ある程度、大量に普及し、安価になった時点で、FITという助成措置の役目は終了することが前提）
3．再エネの電力系統への優先接続、そして優先給電を原則にしていることがほとんどである
4．再エネから発電された電気は、法律で定めた買取価格と期間、全量買取を保証することを原則としており、その財源は電気料金に上乗せされる賦課金で賄われる

一方で忘れられがちなのは、

> 5．再エネの発電事業者が、自身で発電した「電気」という商品を自身で販売、卸売り、小売りする業務の必要性をなくし、大手電力会社など電力系統事業者にその「買い取り」という作業を義務づけることを原則としている

　皆さんがパン屋を経営していて、何らかの商品を製造したなら、通常はその価格は固定されていないし（価格は需要と供給の関係で決まる）、製造量すべてを買い上げてもらえることは望めない（売れ残る可能性がある、あるいは注文されただけ製造する）。また、その製品を販売するために、それを必要とする問屋や小売店、顧客に、営業して、販売する努力と実務を担うのはごく当然のことである。

　しかし、社会的に再エネを迅速に促進しようという大義のため、FIT制度では、再エネの発電事業者が自身で電力の販売先を探したり、販売手続きをしたりする必要がなく、電力系統事業者がそこからの発電量を、固定買取価格で買い取るような制度設計になっている。

　このFIT制度の利点は、あるいはこのような制度設計がなされた理由は、以下の２つである。

> 1．分散型発電であるため、個人や市民出資のプロジェクトなど、再エネ発電事業者は事業規模として小さなケースが多いので、直接、自身で販売先を開拓したり、販売手続きをすることが困難なケースが多い
> 2．再エネ事業者は、この制度があれば、販売に気を取られることなく、再エネで発電することのみに集中できるので、再エネの設置量の拡大と価格低下が迅速に進められる

　しかし再エネの量が拡大し、価格低下も進んだドイツでは、このFITという優先措置を取り続けることで不具合が生じることに気が付いた。なぜなら、基幹電源の一つにまでなった再エネ発電が、利益の最大化を図るため年間で最大の発電量を実現することだけにインセンティブを働かせているのがFITであ

る。その際には、電力の需要と供給の状況に発電状況を合わせてゆく、という既存型の発電（火力・水力発電など、原子力は除く）ではごく一般的な物事が進展しない。

　FIPに移行すると、再エネ発電者は市場で電力供給が不足しているタイミングで、もし自身が発電できるようになるなら、電力のスポット取引市場において、より割高で自身の電力を販売できる。一方、市場に電力が余っている際に、再エネ発電者が自身の電力を販売しなくて済むなら、割安で電力をたたき売りする必要がない。つまり、自らの工夫や投資などの対策によって需給バランスを取ることでより高い売電売り上げを達成することができるわけだが、そうした対策を取っても、取らなくても、受け取れるプレミアムの金額は変わらない。つまり、需給調整をするような再エネ設備は、総額でFITの際よりもより大きな利益を得ることができるというインセンティブが働くようになる。

　こうした需給調整をより働かせるような対策のことを柔軟化対策（フレキシビリティの向上）と言い、ある一定割合のVRE（変動性再エネ）が実現された段階の電力システムでは、柔軟化対策を促進する必要が生じる。

　もちろん、家庭用の太陽光発電など一定出力規模以下の小型のものは、自身の電力を自身で販売する業務を引き受けることは困難なので、引き続きFITが適用されている（後述するEUガイドラインにも反しない）。

　また、大企業でもない限り、中規模のプロジェクトであっても自身で電力取引市場などに直接販売手続きをするのは困難である。そうした再エネ設備からの電力の買い取り、電力取引市場などに販売手続きを代行するアグリゲーター（パワートレーダー）がドイツには多数発生している。このアグリゲーターの登場が、次章以降でのバーチャル発電所（VPP）の成立とも深くかかわっている。

　本書で紹介してゆくようなドイツの新しい再エネに関連した電力ビジネスは、単に量をできるだけ入れ込み、価格を安価にするためFITで先導したエネルギーヴェンデの第一段階を卒業し、「ポストFIT」と呼ばれるように、FIPの開始によって再エネと既存電源とのシステム統合を目指した第二段階へと突入している。

FIPの機能する前提条件

またFIPが成立する前提条件は、取りまとめると以下のようになる。

1. 発電、送電、電力小売りの三つの事業のアンバンドリング（分離）が完全な形でなされている
   （電力システムでは肝であるこの部門が分離されず、市場競争に晒されていないのに、なぜ、再エネだけを市場原理に飛び込ませるのか？）
2. 電力取引市場がよく整備され、うまく活用されていること。例えば、先物取引、ターミナルやスポット市場なども有効に機能し、市場に参加するプレイヤーの意図的な取引価格の操作（例、大型発電所を所有する事業者によるインサイダー取引など）が、行われないことを担保するような監督機関（ドイツでは、公正取引委員会と連邦ネットワーク庁）が存在し、かつ、市場に関わる情報が遅延なく公開され、透明性が高められていること
3. VRE（変動性再エネ）と呼ばれる太陽光発電と風力発電の両者が電力取引市場において競争力を持つほど安価になりつつあること
4. 風が吹いたり、全土で快晴になったりすると、電力取引市場のスポット取引市場の価格構成に影響を与えるほど大量のVREが設置されていること

こうして取りまとめてみると、日本では太陽光発電の設置量自体ではドイツに追いつき、追い越したが、FIPや次節で紹介する入札が機能する社会にはまだ到達していない。

入札制度の導入

2014年、EUでは政治的な判断で再エネの取り扱いを一変させるEUガイドラインを施行した。EUには「欧州連合の機能に関する条約：Treaty on the Functioning of EU」が存在する。EUの憲法にしようと試みているが、現状下では、その実現は困難な条約である。

この中には加盟国政府による競争歪曲的政策を禁止するため、第107条に「特

定の企業・商品に対する競争歪曲的補助の禁止（国家補助規制）」がある。この107条では原則的に国家による特定分野への補助・助成措置について禁止規制がなされ、例外は、EU域内市場において調和しうる場合のみとされている。

EUにおいては固定価格買取制度によって再エネ電力に対して優遇措置を実施することは、この第107条の例外の解釈でこれまでは説明されてきた。ただし、既存エネルギー事業者の積極的なロビー活動も功を奏し、再エネのみを特別扱いするこの内容を排除する目的で、しかし同時にEU気候変動対策の目標値をクリアするための苦肉策として、2014年4月には、「2014～20年の環境・エネルギー関連の国家補助金に関するガイドライン」が施行された。
このガイドラインによって2017年からは再エネの推進策は、①一部の競争がほとんど存在しない部門、②再エネ推進が想定通り進まないケース、③入札をすることでより高額になるケース、④一定規模以下の小型施設という四項目を例外として、残りはすべてEU内に開かれた市場競争を伴う入札にかけなければならなくなった。

ドイツではFIPのMP（市場プレミアム）を計算するための指標としてのAW（想定価格）を任意に法律で定めることが廃止され、そのAW（想定価格）は入札によって取り決めることになった。
まず野立ての太陽光発電において2015年から試験的に入札制度が開始され、2017年からその他の再エネでも正式に入札が運用されている。
例えば、750kW以上の太陽光発電、陸上風力発電はすべて入札でAWが決められる（太陽光発電については10MWが上限）。バイオマス発電については、150kWを超える施設が入札の対象だ（20MWが上限）。

入札の問題点

太陽光発電の入札制度に移行してからの落札平均価格は、2015年4月に9.17セント/kWhでスタートした後に順調に低下を続けており、2017年6月の入札では5.66セント/kWhとなっている。しかし、そもそも入札にかけられる容量枠が年間600MW程度にとどまり、本来政府が目標としている太陽光発電の年

間目標設置量2,500MWには2013年以降達していない。

　第三次メルケル政権が意図的に再エネ推進にブレーキをかけているわけだが、入札制度は確かに価格については市場競争の原理を働かせるが、量については市場競争が働かないため、このような政治的な抑制が可能とされる。

　つまり、過去に日本でも実施されたものの再エネの推進策としては機能しなかったRPS法でも同じく観察されたように、保守的な政権下では必要十分な入札量を提供しない傾向がある。名目の気候変動目標とは裏腹に、電力大手などの既得権益層を守るために、新しい産業構造である再エネ推進にブレーキがかけられやすいことには注意が必要だ。

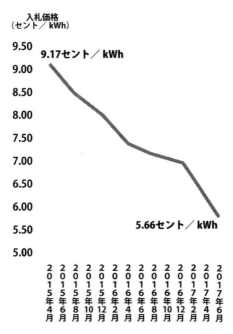

グラフ5：太陽光発電の「AW」の入札価格の平均値の推移（単位：ユーロセント/kWh、2016年までは上限を10MWまでとする野立ての太陽光発電のみが対象。17年からは屋根乗せを含む750kW～10MWまでのすべての太陽光発電が対象）

また、以下の三つの理由で理論的には再エネの推進価格が割高になる可能性もある。

1. 入札のための複雑な手続きをこなすための時間とコストが追加でかかる
2. 入札で落札するまではそのプロジェクトが実現するのかどうか不明確なので、風況調査や環境影響評価など、数年も前から事前に先行投資を必要とする風力発電のプロジェクトなどでは、投資に対するリスクが上昇し、資本主に対してより高い利回りを提供したり、より高い利率の融資を受けざるを得なくなる
3. RPS法の最大の問題点でもあった「再エネ設置量の天井が決まっていることから、価格が低下しない」と同じ問題を入札制度では抱える可能性がある。とりわけ天井のなかったFIT/FIPのようなダイナミックな価格低下が発生しない可能性もある

さらに、入札という複雑な手続きは、個人や農家、地域のNPO法人、中小企業や市民エネルギー組合などのこれまでドイツで再エネを推進してきたステークホルダーにとってハードルが高い。手続きが複雑だったり、入札に参加するためには（プロジェクトがはじまっていない段階で）委託金が必要だったりするからだ。過去3年間のドイツの太陽光発電における入札では、市民エネルギー組合はほとんど落札できない状況が続けられている。

はじまったばかりの陸上風力発電においては、そうした地域市民のステークホルダーへの配慮として、入札時の委託金の半減措置や環境影響評価が完全に終わっていない段階での入札参加権利などが特別に与えられているが、この制度が悪用されている。これまでのところ、民間の大手資本が市民エネ組合という仮面をかぶり、落札するという事態が頻発している。将来も地域市民というステークホルダーが再エネ推進の場面で活躍できるのかどうかは不明である。

次節からはここまでに記したように①変動性再エネの価格低下と②制度変更を果たしてきたドイツで、どのようなビジネスモデルがはじまっているのか、複数の事例を取り上げながら、「ポストFIT」とは何かを紹介してゆこう。

3-2　太陽光からの電力を自家消費するためのサービス（滝川薫）

中小規模の屋根置き設備は自家消費へ

　自家消費とは、建物上に設置された太陽光発電からの電力を、送配電網を介することなく、建物や敷地の内部といった設備のすぐそばの場所で消費することである。余剰分は買取制度やFIPを利用して売電する。ドイツでは2012年に買取制度による太陽光の買取価格が大幅に下げられた頃から、買取制度に振り回されない自家消費向けビジネスへのトレンド転換が進んできた。現在では中小規模の新規の屋根置き設備では自家消費が主流である。

　その背景には、屋根置きの太陽光発電の発電コストが1kWhあたり8～12セントに下がったということがある。同時に買取制度での買取価格も約8～12セント強に下がった。対して電気代は値上がりし、世帯向けの価格で1kWhあたり30セント程度、規模の大きな手工業者向けの価格でも15セント以上である。つまり発電コストと電気代の間には、場合によっては10セント以上の差が生じる。買取制度で売電するよりも、安い屋根からの電力により高い外からの電力を代替する方が、経済的なメリットははるかに大きい。

　2014年からドイツでは、10kW以下で自家消費量が年10MWh以下の設備を除いて、自家消費する電力に対しても再エネ賦課金が課金されるようになった[1]。そのため、実際の自家消費による電気代は、発電コストに3～7セントの賦課金を加えた額となる。しかし、それでも自家消費型の設備は多くの場合、経済的に魅力のある事業分野となっている。

事業者から見た自家消費向け設備の特長

　自家消費のための設備では、買取向けの設備とは考え方がやや異なる点がいくつかある。一つ目は、事業の経済性が電気代と発電コストの差額、つまり電気代の節約分により測られるようになる点だ。二つ目は、設備規模が買取向けと比べると小さくなるという点である。発電した電気は出来る限り建物内で使い切り、安くしか買い取ってもらえない余剰を最小化するような出力に設定さ

れるためである。三つ目は、パネルが東西向きに設置されるようになる点だ。自家消費量の最大化を目的とする設備では、昼に使い切れない電力を作り出す南向き設備ではなく、朝から夕方までより均一に発電する設備の方が適しているからだ。

またエネルギー事業者の視点からは、自家消費率が高く、経済性の優れた設備を作るためには、日中の電力消費が大きく、中規模の設備を設置できる産業建築や手工業、オフィス、庁舎、学校、病院、高齢者介護施設、冷蔵・冷凍施設などが、自家消費事業に適した建物とされている。こういった自家消費向けの太陽光発電事業は、自己供給型、レンタル型、直接納入型の三種類に分けることができる。それらについて、下記に事例を交えながら紹介してゆく。

写真1・2：ソーラーコンプレックス社により食品卸売業者のオクレ社の社屋の上に設置された自家消費型の太陽光発電設備。冷蔵負荷の大きなオクレ社では発電した電力を建物内でほぼすべて消費している（©solarcomplex AG）

①自己供給型の事例

　自家消費設備の中でも、自己供給型は最も一般的なタイプである。建物上の発電設備の運営者が、建物内の消費者と同一である設備を指す。この場合、ドイツでは賦課金の４割（現在2.75セント/kWh）だけが課金される。自分で作った電気を自分で使う自己供給型設備は、電力消費者にとっては、自家消費による省コストの効果が一番大きなモデルであるが、②や③と異なり施主が自ら設備投資を行わなくてはない。

　2-1で紹介した南ドイツの市民エネルギー会社ソーラーコンプレックスでは、このような自己供給型設備の販売により、一度は底をついた屋根置き太陽光発電の市場を再び成長路線に戻すことに成功している。同社では地域の中小企業で250㎡以上の屋根面積を持ち、１kWhあたり14セント以上の電気代を払っている産業を対象に、自己供給型設備のためのサービスを提供。具体的には、施主の電力消費の特長に合わせた設備を計画、建設、販売し、施工後は20年間にわたるフルサービスのパッケージを販売することで収益を上げている。パッケージには、保険、遠隔監視、修繕、発電量保証が含まれている。

　ソーラーコンプレックス社が実現した自己供給型設備の代表的な事例が、大きな冷蔵・冷凍負荷を持つ食品卸売業者のオクレ社の設備である。ソーラーコンプレックス社では2014年、オクレ社の屋根に電力需要のベース負荷に合わせた出力200kWの設備を計画、販売した（写真１・２）。実測の結果、オクレ社では太陽光発電からの発電量のほぼ100％を建物内で自家消費し切っている。これにより購入する電力量を１割削減できただけでなく、夏の出力ピークが15％減り、電力会社との契約出力を減らすことができた。同設備の発電コストは１kWhあたり10セントであるのに対し、オクレ社が電力会社から購入する電気代は16セント。設備の所有者であるオクレ社にとっての内部利益率は、賦課金を含めても５～10％になるという。

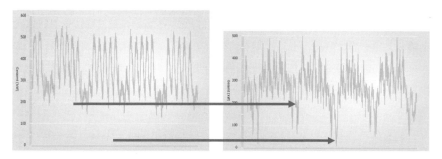

グラフ6：オクレ社が系統から購入する電力消費量のグラフ。ベース負荷に合わせた自家消費用の太陽光発電を設置する前と後を比較。設置後は週末日中に系統から購入する消費電力がゼロ近くになっている（©solarcomplex AG）

②設備レンタル型の事例

　設備レンタル型の自家消費は、①の自己供給型の発展形という位置付けになる。市民エネルギー協同組合や都市エネルギー公社、その他の電力会社等が、施主から屋根を借り、太陽光発電の計画、ファイナンス、建設を行い、その設備を建物内の電力消費者（施主）にレンタルする。この場合ドイツでは、設備を借り受けた法人・個人が設備の運用者と見做される。設備の運用者が電力の消費者と同一であるため、②も自己供給型と位置付けられ、再エネ賦課金が4割に減免される。

　施主にとってのメリットは、18〜20年という長期契約により、毎月のレンタル料金という形で設備費用を支払っていくことができる点である。契約終了後は設備は無料、あるいは僅かな価格で施主の所有に移行する。エネルギー事業者（多くは電力会社）にとってのメリットは、レンタル事業により自家消費設備から継続的な収入が得られるという点である。ほとんどのレンタル商品では、補修や監視のサービスもパッケージ化されている。

　市民エネルギー協同組合シュヴァルツヴァルトは、2010年に南ドイツのアルピスバッハ村で設立された組織だ。181人の市民からの81万ユーロの出資を

用いて、これまでに地域の産業建築や公共建築、ゴミ埋立地跡などに太陽光発電設備を実現してきた。同市民エネルギー協同組合では、新しい太陽光発電の事業モデルを探求する中、2014年に初めてレンタル型の自家消費設備を地域の高齢者介護施設に設置。

そこでの経験が良好であったため、ロットヴァイル郡に対して、職業訓練学校にレンタル型の自家消費設備を設置することを提案した。こうして2016年に100kWの設備が学校の屋根に設置された。学校では午後の建物の利用時間が短く、また夏休みもあるため、自家消費率は昨年の実測で73％となっている。市民エネルギー協同組合は設備のファイナンスと実現だけでなく、運転やメンテナンスも行っている。郡との契約期間は20年間で、レンタル料金は系統の電気代に合わせて変動する契約になっている。

③直接納入型の事例

直接納入型は、エネルギー事業者が建物の屋根を借り、そこに設備を計画、ファイナンス、建設、所有、運用し、そこから得られる電力を建物内の消費者に直接納入・販売するというモデルである。この場合は余剰電力の売電も事業者が行う。直接納入には、企業や庁舎などの一つの消費者に電力を納入するシンプルなモデルと、集合住宅やテナントビルのように複数の消費者に電力を納入する「貸借人電力」と呼ばれるより複雑なモデルがある。事業としてもハードルの高い後者については次節で別途に紹介する。

①や②とは異なり、③では設備の運営者と消費者は同一ではないので自己供給とはみなされない。そのためこのモデルで自家消費される電力については、ドイツでは再エネ賦課金の全額（1kWhあたり6.88セント）が課金される。施主や消費者にとっては一切の手間や投資をかけずに、自らの屋根からの再エネ電力で、長期的に安定した価格の電力を購入することができるのが魅力だ。一つの消費者に納入するモデルの場合には、契約は通常20年間となっている。屋根からの直接納入による電気代は電力会社の基礎供給商品よりもやや安いか同程度だ。

スイスでも直接納入モデルが普及しつつある。北スイスの市民エネルギー協同組合ADEVは、30年以上の歴史の中で、2000人の市民から3200万スイスフランの出資を受け、110カ所に熱供給設備や発電設備を計画、実現、運用してきた。ADEVでは近年、直接納入型の需要が急激に増えているという。2017年だけでも校舎や体育館、製薬会社の実験棟や大型の住宅団地といった建物でこのタイプの設備を実現した。その背景には国民投票による脱原発の決定や自家消費を推進する政策、そして太陽光発電のコスト低下がある。

写真3：バルグリスト病院の自家消費用設備。ADEVが設備を所有し、電気を病院に直接納入・販売している（©ADEV Energiegenossenschaft）

　そのような設備の一つがチューリッヒ市にあるバルグリスト大学病院の太陽光発電である。病院の屋根にADEVが設置した81kWの太陽光発電からの電力は100%病院内で自家消費されている。ADEVから病院に販売している電気の価格は14ラッペン（税抜き、約16.8円）で、病院が電力会社から購入している電気代と同額である。

　しかし、系統からの電気代が現在よりも下がる見込みはないため、長期的には自家消費電力の方が病院にとっては安くなると考えられている。この事例での電力販売の契約期間は30年であるが、病院は運転開始の5年後以降にADEVから設備を購入することもできる。

> **コラム：産業における風力発電の自家消費**
> 　今日ではまだ稀な例ではあるが、北ドイツの工場地帯で風車建設に適した立地では、大型風力発電からの電力を工場で自家消費する例も見られるようになっている。その1つが、北ドイツの大手風車メーカであるエネルコン社のゲオルグスハイル村にある鋳造工場だ。ハブなどの風車部材を鋳

造する同工場では、2014年に工場から100mほど離れた場所に3MWの風車を一基建設。そこからケーブルを工場に直接引いて風車からの電気を自家消費している。風車が発電する年800万kWhの自家消費率は70〜80％で、鋳造工場の電力需要の2割を自給自足している。「風力の自家消費には弊社工場にとって次の大きなメリットがあります。電気代を削減できること。電力系統への接続容量を縮小できること。そして鋳造工場の環境収支を改善できることです」と、同社広報のフェリックス・レーヴァルト氏は語る。

写真４：エネルコン社の鋳造工場と自家消費用の風車（©Enercon GmbH）

3-3　賃借人電力〜都市の賃借人にも太陽光の恩恵を（滝川薫）

3-3-1　集合住宅における賃借人電力

賃借人電力とは

　前節では太陽光発電からの電気の自家消費に基づく3種の事業モデルを紹介した。その一つである直接納入には「賃借人電力」と呼ばれる複数の消費者に納入・小売りする形がある。賃借人電力の事業者は、太陽光やガス・コージェネで発電した電気を、一般の配電網を介することなく、発電設備に空間的に直近する消費者に納入する。そして太陽光が不足する時には不足分電力を調達・納入し、余剰が出る時には系統に売電する。この不足分電力についても再エネ電力が用いられることが通常だ。賃借人電力モデルは、賃貸集合住宅だけでなく、分譲マンション、商業施設やオフィスビル、新開発地区や戸建て住宅地などでも適用することができる。

　賃借人電力の実施にまつわる諸サービスはドイツでは2011年頃[2]から見られ、その後、草の根的にゆっくりと発展、増加してきた。その背景には、これまで再エネ電力拡張の費用を賦課金により負担するだけだった賃借人にも安い太陽光発電の恩恵を還元する事業モデルを作りたい、同時に都市部でも太陽光発電を増やしていきたい、という社会的なモチベーションもあった。それによりエネルギーヴェンデへの市民社会からの受容度がより高まると考えられている。実際に賃借人電力が実施されている集合住宅の多くは、都市部の公営住宅、あるいは公益的な住宅供給会社や建設協同組合の建物である。

　賃借人電力のポテンシャルはドイツでは調査によって150万〜380万世帯とされている。このポテンシャルが活用されれば、都市部では太陽光発電の設置量を現在の何倍にも増やすことができる。2017年1月に発表された経済エネルギー省の委託調査結果[3]では、賃借人電力による最大のポテンシャルを太陽光発電の発電量では14TWh程度、そのうち自家消費分が3.6TWh程度と計算している。今日の総電力消費（600TWh）から見ると小さな量ではあるが、事業関

写真5：モースバッハ市の建設協同組合の住宅団地では2015年から賃借人電力を実施。350世帯を対象として650kWが設置されている。建設協同組合と設備計画会社のWirsol社、エネルギー小売り会社のナトゥアシュトローム社が協力して実現した　（©WIRCON GmbH）

係者に次のようなメリットをもたらすためニッチな市場として注目されている。

賃借人電力モデルのプレイヤーとメリット

　賃借人電力の事業は主に、不動産所有会社、賃借人・消費者、電力小売り会社の三者のプレイヤーから構成されている。事業の主体は、不動産所有会社が担う場合と、電力小売り会社が担う場合の2種類に分けられる。賃借人電力の事業には、設備を計画、ファイナンス、実現、運用し、余剰分を売電、不足分を調達、そして多数の消費者への営業・販売、計測、清算といった一連の煩雑な作業が伴う。

　そのためドイツではこれらの業務のプロである電力小売り会社、中でも都市エネルギー公社（シュタットヴェルケ）や再エネに特化したエネルギーサービス会社が主体となり、不動産所有会社から屋根を借りて上記の作業を実施し、賃借人に電力を販売するというケースが多い。これらの企業にとっては、賃借人電力により太陽光からの電力だけでなく、不足分の電力も1年単位の契約で

販売することができるため、集合住宅や団地規模での顧客確保に繋がる。また後述するように熱供給契約と組み合わせれば、事業の効率をさらに高めることもできる。シュタットヴェルケの場合には市営住宅とのコラボも行いやすい。

対して、不動産所有会社が事業主体となり賃借人電力モデルを実施するのは、多数の集合住宅を所有している会社で、幅広くこのモデルを適用する計画があるような場合である。ただ不動産会社が同モデルの採用に積極的であっても、電力小売り会社に主体となってもらい実施することが通常である。集合住宅の所有会社・団体にとっては、環境性と経済性という面から住宅の魅力を向上できることがメリットだ。

また、賃借人電力に伴うサービスだけを提供する電力小売り会社やエネルギーサービス会社も出て来ている。そういった企業の協力を得て市民エネルギー協同組合や建設協同組合が主体となって賃借人電力を実現するケースもある。

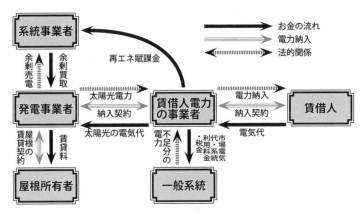

図1：賃借人電力モデルの概念図
不動産所有会社が主体となる場合には「屋根の所有者」、「発電事業者」、「賃借人電力の事業者」は同一になる。電力小売り会社やエネルギーサービス会社が主体となる場合には「発電事業者」と「賃借人電力の事業者」が同一になる場合が多い
(出典："Geschäftsmodelle mit PV-Mieterstrom", BSWを参照して著者が作成)

	集合住宅の不動産会社	エネルギー会社	賃借人
動機・メリット	●不動産価値の向上 ●設備技術の更新（特にコージェネの場合） ●屋根賃借収入 ●熱と水の供給と電気供給の組合せ ●住民への電気代削減 ●住民の固定化 ●省エネ政令や再エネ熱法（コージェネ利用）を満たせる	▶エコロジカルで地域密着の商品提供により差別化 ▶電力の直接販売と不足分電力の納入により収益増加 ▶新規顧客の獲得と既存顧客の確保 ▶顧客への経済的メリットの還元 ▶コージェネでは熱商品も同時に供給 ▶エネルギー費用の安い住居供給に貢献	◆エネルギーヴェンデに参加できる ◆安い自家消費電力によりエネルギーコストを下げることができる ◆価格の値上がりのリスクが少ない商品を購入できる

図2：賃借人電力に関わるプレイヤーとメリット。賃借人電力は、3者全員にとってメリットをもたらす事業モデルである（出典："Geschäftsmodelle mit PV-Mieterstrom", BSWを参照して著者が作成）

ハードルの高い事業モデル

賃借人電力モデルは、他の自家消費事業と比べると難易度が高いと言われている。一つには、多数の世帯への営業に大きな労力がかかる。賃借人電力事業を行う建物においても賃借人には電力商品の選択の自由が保証されており、住居の賃貸契約との抱き合わせ契約は禁止されている。賃借人電力の価格が地域の基礎電力商品よりも安くても、住民の一部しか契約してくれないのが通常で、参加率はプロジェクトにより大きく異なる（事例参照）。一般的に既築よりも新築の方が高い参加率を獲得することができるため、事業者には新築で世帯数の多い集合住宅が好まれる。

もう一つのハードルは、メータリングと清算にかかる労力の大きさである。既存の集合住宅ではほとんどの場合、一年に一度読み取りが行われる従来型のメーターが使われている。そのような集合住宅では次のような清算方法が採られている。太陽光発電の発電量と系統への売電量の差が自家消費された賃借人電力の量となる。そしてこの自家消費分を契約者の電力消費量に応じて分配して清算する。系統から購入してくる電気については、参加しない世帯の分を除外して清算を行う。この方法では賃借人が引っ越す度に集合住宅の全世帯のメーターを読み取りに行かねばならず、甚大な手間がかかる。加えて、各世帯の太陽光電力の本当の自家消費量が反映されないという問題点がある。

対してメーター設備のコストは高価だがスマートメーターを設置する場合には、自家消費電力と系統電力の消費状況が常時読み取られ、15分毎に送信され

るため、メータリング・清算の手間は大幅に削減できる。また、それにより各世帯の本当の自家消費量に基づく清算を行うことができる。賃借人電力の電気代には、従来型の計測・清算方法の場合には、自家消費分と不足分を混ぜ合わせたタリフが設定されるのが通常である。しかしスマートメーターを使用する場合には、自家消費電力と不足分電力の価格を2本立てで設定することが可能になる（3-3-2事例参照）。

州や国による助成

賃借人電力のうち自家消費分については、系統からの電力に課せられる電力税や系統関連の諸料金がかからない（**グラフ7**）。そのためドイツでの賃借人電力は地域の基礎供給商品よりも数セント安い価格で売られている。賃借人の参加は任意であるため、魅力的な価格を提示することは不可欠であり、事業者にとってのマージンの幅は限られている。そのため全量売電よりも低い利益率となるプロジェクトも少なくなかった。

そのような中ドイツでは、賃借人をエネルギーヴェンデに参加させることを目的として、2017年夏に賃借人電力の助成制度がスタートした。この制度は、太陽光発電設備の大きさに応じて、賃借人電力での自家消費分について1kWhあたり2.75～3.81セントを20年間に渡り助成するというものだ。財源は再エネ賦課金庫である。助成を受ける条件として、設備が100kW以下であること、床面積の4割以上が住居として使われていること、自家消費分の電気代が地域の基礎供給商品よりも1割安いこと、契約は最長1年であること等がある。経済エネルギー省では、この助成により、多くの賃借人電力事業の利益率が少なくとも5～7％になると計算している。

賃借人電力プロジェクトに対して独自の助成を行っている州もある。例えばヘッセン州では、1,000世帯への太陽光やコージェネによる賃借人電力の導入を目指して、スマートメーターの設置や清算システムの導入費用に対して助成を行っている。またチューリンゲン州では、賃借人電力の事前調査費用やコンサルタント費用の他、自家消費用の太陽光発電の設備費用に対しても助成を行っている。

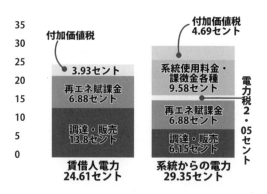

グラフ7：賃借人電力と一般電力の価格構成。ポラーシュテルン社の例。賃借人電力のうち太陽光発電分のコストは、発電・販売費、再エネ賦課金、付加価値税から構成されている。1年の消費量が2600kWhの世帯で、賃借人電力を70％、系統からの電力を30％使う世帯では、上記の料金であると1年で電気代を86ユーロ節約することができる。計算には助成金は含まれていない（出典：www.polarstern-energie.de）

事例：フランクフルトのマイノーヴァ社〜都市エネルギー公社が事業主となる場合

　フランクフルト市に拠点を置くマイノーヴァ社は、市が8割を所有する都市エネルギー公社である。ドイツの都市エネルギー公社の中でも最大規模の会社の一つで、電力部門では年11TWhを販売している。同社では2015年から分散型の太陽光発電事業に力を入れており、①自己供給用設備のためのソリューション、②賃借人電力モデル、③スマートホーム、④戸建て向けの太陽光発電と蓄電池の販売という4つの事業分野を展開している。その背景には2050年までにカーボンニュートラルを目指す市の気候・エネルギー政策がある。

　マイノーヴァ社は、フランクフルト市とその周辺地域で数多くの賃借人電力プロジェクトを実現している。2017年末までに実現したプロジェクトの数は100棟あり、計1,300世帯が入る。そして、これらの建物に計2.5MWの太陽光発電を設置した。平均的な太陽光発電の大きさはこれまでのところ、集合住宅地あたり30kWから大きい所では400kWとなっており、今後は1MW以上の設備も予定されている。また平均的な住民の参加率は50％、太陽光からの電力の自家消費率は30％程度だという。同社では、メータリングや清算を含むすべての

サービスを自社内で行うことによって事業の付加価値を最大化し、同時に開発・運用プロセスのスタンダード化、最適化を進めている。

「賃借人電力は協力関係に基づいて機能するモデルです。そのため弊社ではライン・マイン地方の不動産会社ネットワークを立ち上げました。このネットワークでは、地域の主要な集合住宅供給会社と3年間に渡り年4回の会合を持ち、一緒にプロジェクトの開発に取り組んでいます」と、同社で賃借人電力事業に携わるボド・ベッカーさんは語る。

そういったパートナーの1社がABGフランクフルトホールディングで、フランクフルト市で5.1万戸もの住宅を供給する市営住宅会社だ。マイノーヴァ社とABGフランクフルト社では、賃借人電力に適した不動産を共同で洗い出し、着々と実現している。2017年に実現されたイダシュタイン通りの団地もそのひとつで、団地の屋根の断熱改修をきっかけとしてマイノーヴァ社が屋根に431kWの太陽光発電を設置した（**写真6**）。310世帯が住んでいるが、そのうち6割の世帯がこれまでに賃借人電力の契約を結んでいる。

写真6：マイノーヴァ社とフランクフルトの市営住宅会社ABGフランクフルトホールディングの協力により実現された、イダシュタイン通りの団地での賃借人電力プロジェクト（©Mainova AG）

事例：チューリッヒ一般建設協働組合 〜不動産会社が事業主となる場合

　スイスでも集合住宅での太陽光の自家消費、そして賃借人電力は徐々に広がってきている。ただし系統からの電気代が（ドイツと比べると）安いので、賃借人電力の価格は系統の電気代と同額に設定されるのが通常である。またスイスでの賃借人電力は、不動産所有会社・所有者が主体となり実践する形が一般的だ。具体的には、不動産会社が設備をファイナンス、建設、運転し、形式上は住民に電力を販売する。しかし、そのために必要なメータリングと顧客との清算、不足分の納入のサービスは地域の都市エネルギー公社が提供し、そのサービス料金として自家消費分の電力に手数料を上乗せして住民に請求する。

　チューリッヒ市で4,550世帯の住宅を供給するチューリッヒ一般建設協同組合ABZが2016年に新築したバルバー通りの集合住宅地が良い例だ。68世帯、253人の暮らすこの集合住宅は、木造4階建ての5棟の省エネ建築から成る。屋根には建材一体型の556kWの太陽光発電が設置されている（**写真8**）。暖房・給湯の熱源には地中熱ヒートポンプが設置され、床暖房により熱分配が行われている。年間収支では建物内で消費するよりも多くのエネルギーを生産するプラスエネルギー建築になっている。

　バルバー通りの集合住宅で賃借人電力を行うにあたって、ABZではチューリッヒ市営電力の「ソーラースプリット」というサービスを利用した。住民

写真7：バルバー通りの集合住宅の機械室に設置されたスマートメーターと地中熱ヒートポンプ（©Takigawa）

写真8：チューリッヒ市内で賃借人電力を実施した建設協同組合ABZのバルバー通りの集合住宅。屋根全面が556kWの太陽光発電。木造4階建ての省エネ建築でプラスエネルギー（©Schweizer Solarpreis 2016）

と近い立場にあるABZが営業を行うことで、すべての世帯がABZと賃借人電力の契約を結んだ。チューリッヒ市営電力では、上述した賃借人電力に必要なサービスを実施するために、住民への請求書に1kWhあたり3ラッペン（3.6円）の手数料を上乗せしている。またチューリッヒ市営電力との契約では、太陽光発電からの電力をまずは共用部分であるヒートポンプ熱源、機械換気、照明、エレベーターなどに利用し、余った分を賃借人に販売する方法が選ばれた。

この集合住宅では一世帯当たりに対する太陽光発電の設置量が8kWと大きい。そのため一年平均での自家消費率は現在4割程度である。余剰電力は、チューリッヒ市営電力では安い価格でしか買い取ってくれない。しかし、自家消費率についてはまだ改善の余地があるという。

「現在、賃借人電力を開始してから1年が経過したところです。これまでヒートポンプの設定は熱需要に応じた運転モードとなっていました。これからヒートポンプの運転を最適化していく所で、太陽光が多く発電している時間帯にま

ず熱を作るような設定に変えていく予定です。これにより自家消費率をより高めることができます」と、ABZの環境担当者であるレト・ザイラーさんは語る。

　ABZではこれまでに2カ所の団地で賃借人電力の事業を行い約350世帯に太陽光電力を直接納入しており、今後はこのモデルを他の団地にも拡張していく計画である。

3-3-2　街区電力　～エリアまるごと電熱併給

　ここまで紹介してきた賃借人電力の一種に、街区電力とか街区ソリューションと呼ばれる分野がある。一般系統を介さないことを前提として、賃借人電力を新開発地域や団地全体に広げたもので、電力だけでなくコージェネやヒートポンプによる熱供給も合わせて行うことが特徴だ。集合住宅地でなくても、戸建て住宅街や産業地帯でも実践が可能である。

　この事業の主体は都市エネルギー公社やエネルギーサービス会社になる。熱供給については10年単位で不動産所有会社と納入契約を結ぶのが通常だ。全館温水暖房が標準である欧州中部では、賃貸集合住宅への熱供給は不動産所有会社の役割である。そしてドイツの多くの集合住宅地では、現在、熱源の交換期が訪れている。事業者にとっては、熱供給サービスと賃借人電力を組み合わせて販売するチャンスである。

　街区電力には、太陽光発電の他に（バイオ）ガス・コージェネを利用する事例が多い。ドイツではコージェネ法により、100kW以下の小規模なコージェネの場合、自家消費した電気に対して1kWhあたり3〜4セントが助成される。それによりコージェネについても電気を自家消費する方が、系統に売電するよりも多くの収益が得られるようになっている。また、顧客となる不動産所有会社にとっては、街区電力モデルは建物の省エネ政令による一次エネルギー規制値や、再エネ熱法による再エネ熱の利用義務をクリアするための選択肢の一つになっている。

事例：コンスタンツ市の都市エネルギー公社～典型的なコージェネと太陽光の組合せ

　南ドイツ、コンスタンツ市のシュタットヴェルケでは2016年から独自の賃借人電力モデルを商品化している。同社の賃借人電力ではスマートメーターを標準仕様とし、清算・計測の労力を節約。すべての賃借人電力物件に同一のタリフで対応し、「ダイレクトエネルギー」という名の商品で販売する。ダイレクトエネルギーは、自家消費電力については太陽光でもコージェネでも27.6セントで販売。不足分電力については29.5セントで販売する[4]。自家消費分と不足分に2セントの価格差を設けることで、自家消費率を高めるインセンティブとしている。同社ではこれまでにコンスタンツ市の市営住宅会社と組んで、5カ所の集合住宅地でこのモデルを実践し、いずれの事例でも熱供給も行っている。

　その1つがヤコブ・ブルクハルト通りの団地である（**写真9**）。6棟、90世帯の入る新築の集合住宅で、屋根の上には91kWの太陽光発電を設置。コージェネは発電出力40kW、発熱出力84kWの設備を入れ、熱需要に合わせた運転を行っている。賃借人電力への住民の参加率は73％だ。

　「太陽光とコージェネは上手く補完し合っています。太陽光発電は、熱需要の少ない（コージェネ発電量の少ない）時期に多くの賃借人電力を発電します。

写真9：コンスタンツ市のシュタットヴェルケが実現したヤコブ・ブルクハルト通りの市営住宅。電気と熱を両方を直接供給する街区電力モデル（©Stadtwerke Konstanz AG）

対して太陽光の発電量の少ない冬には熱需要が高まるため、コージェネが多くの賃借人電力を発電してくれます」と、同社で賃借人電力を担当するゴルドン・アッペルさんは説明する。

　街区電力は地域の基礎供給会社である同社にとって経済的にも興味深い事業分野になっている。同社の通常の集合住宅地での顧客獲得率は6～9割程度であるが、賃借人電力、街区電力を行うことで電力販売に関する顧客獲得率は9割から100％になるという[5]。さらに同社ではガスの販売も行っているので、熱供給にコージェネを使う場合にはガスの販売先も確保できる。

　「将来的には賃借人電力で設置したスマートメーター・ゲートウェイを、弊社の別の事業分野である水道供給、ガス、熱供給にも使い、通信・自動清算に活用していきたいですね」と、アッペルさんはシュタットヴェルケとしての展望を語る。

事例：独立系のエコ電力会社ナトゥアシュトローム社～新開発地区への総合ソリューション

　ナトゥアシュトローム社は1998年に設立された独立系、再エネ専門のエネルギーサービス会社である。全国に26万軒の顧客を持ち、電力やバイオガスの小売りから、再エネ設備による発電、地域熱供給、メータリングといった事業を手掛けている。賃借人電力の分野ではこれまでに20以上のプロジェクトを実現してきた。同社では現在、賃借人電力から一歩踏み出した街区ソリューションのプロジェクトをベルリンの二カ所で開発している。

　一つ目は2018年に竣工予定の新開発地区であるミュケルン街区のプロジェクト。社会的でエコロジカルな集合住宅地の実現を目指したミュケルン地区建設協同組合が施主である。街区の大きさは3万㎡、14棟470世帯分の集合住宅の他、ホテルや手工業会社も入り、1,000人が暮らし、働くエリアとなる予定だ。建物の省エネ性能はパッシブハウスレベルである。このエリアにナトゥアシュトローム社が長さ600mの地域熱供給網を敷き、同社が販売するバイオガスを用いたコージェネによる電熱の併給を行う。5棟の建物の屋根には135kWの

太陽光発電も設置する。地区内での電力の自給自足率は20％程度になる予定で、不足分電力には当然ながらナトゥアシュトローム社の電力が供給される。賃借人電力の本格的な営業はこれからであるが、エコ志向の高い住民層であるため、高い参加率が期待されている。

　もう一つのプロジェクトは2017年に半分が竣工・入居した新開発地区のホルツマルクト街区のプロジェクトである。スプレー川のほとりの1.8万㎡のクリエイティブ系街区となっている。アーティストのための70戸のアトリエや4棟のスタジオ建築、クラブ、レストラン、幼稚園の他、120室のホテル、ITスタートアップ企業オフィス・住居ビルが含まれる。街区内には不動産会社が熱供給網（70℃）、冷供給網（6℃）、配電線を敷設。ナトゥアシュトローム社が街区全体の熱と冷の生産・供給、電力の供給を担う。将来的には、複数の再エネや廃熱源を組み合わせて利用する構想になっている。暖房・給湯の熱源には、バイオガスのコージェネの他に、地中熱と下水熱（ヒートポンプ）、ピーク時用の木質バイオマス、パワートゥヒートなどを組み合わせて使う。冷房の熱源には、下水熱・地中熱をベースとして使う。そして自家消費用の発電は、コージェネと太陽光発電で行う予定だ。実現すれば、都心部のエリア全体に100％再エネによる電気と熱の供給を行う先進事例となりそうだ。

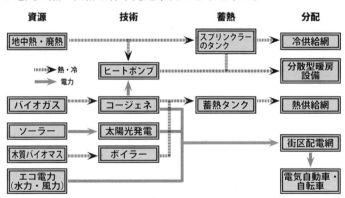

図3：将来的なホルツマルクト街区のハイブリッドな熱・冷・電力の供給コンセプト。スプリンクラー用水槽をヒートポンプ用の低温水の蓄熱に活用するなど、様々な省エネ対策も試行される予定だ（出典：www.schwaermekraft.deを参照して著者作成）

〔注〕
1：再エネ賦課金以外の一般電力に課されている系統使用料金や税金、諸料金は自家消費電力には課せられない。
2：参照 "Geschäftsmodelle mit PV-Mieterstrom", BSW
3："Mieterstrom, Rechtliche Einordnung, Organisationsformen, Potenziale und Wirtschaftlichkeit von Mieterstrommodellen (MSM)", Prognos
4：基礎料金を含む価格。年2600kWhの消費量で計算。
5：賃借人電力に参加しない住民の多くが、コンスタンツ市の都市エネルギー公社による基礎供給向け電力商品を購入するため、街区全体での顧客獲得率は9割以上になる

4章
ドイツの直接販売業とVPPのビジネス

梶村良太郎

3章ではグリッドパリティに到達した再エネを、FITで売電するのではなく、直接消費するビジネスを紹介してきた。逆に本章では、ポストFIT時代における再エネの売電の基盤技術であるバーチャル発電所と、そこから派生したビジネスである再エネの直接販売事業を紹介する。

4-1　コンビクラフトヴェルク研究プロジェクト

ドイツの再エネ普及において、VPP（Virtual Power Plant＝仮想発電所）の重要性を世に示した画期的な研究が、2007年に発表されたコンビクラフトヴェルク（Kombikraftwerk）実証実験だ。「コンビ」とは「コンビネーション」の略であり、「クラフトヴェルク」は「発電所」の意である。

背景と目的
　当時、ドイツの消費電力における再エネの割合は10％を超えたばかりで、エネルギー業界においてでさえ、再生可能エネルギーは安定性がなく、とても大規模に導入できるものではないという説が一般論として認識されていた。風力と太陽光といった変動性再エネは、あくまで天候依存型で受動的、つまり無制御・無秩序・予測不能な電源とされ、ベースロード、ミドルロード、ピークロードを積み上げていく旧来の需給調整思想においては、電力の安定供給を破綻させるものとされていた。

そのような懸念に対して、再エネ業界は次の反論材料を動員した。
- 地理的に分散した再エネ電源を多数連携させて運転すると、風況や日射が各地異なるので、変動性再エネもある程度相互補完しあえる。また、風力と太陽光は電源としての性格上、ある程度補完しあえる。
- バイオマス、水力、地熱発電などの調整可能な再エネ電源を駆使すれば、風力・太陽光の出力変動を補完できる。
- 揚水発電や、将来的には蓄電池など、蓄電技術で変動性再エネの余剰発電を吸収し、不足時に補うことができる。

- 風力と太陽光発電は天候に依存するものの、正確な気象予報によってその出力動向をある程度正確に予測することが可能である。
- 風力発電機も太陽光発電所も、完全に受動的な設備ではない。基本的には天候に依存するものの、無制御なブラックボックスでなく、ある程度の範囲で挙動のマネジメントが効く。夜間や曇天、無風時の発電は不可能だとしても、晴天や強風の状態で出力を意図的に制限することは可能であり、運転開始時の出力勾配を制限することも可能。またこれらのマネジメントを遠隔操作、そしてプログラムによる自動操作で行うことができる。
- 再エネ電源は分散しているとはいえ、その設備の出力をはじめ、様々なパラメーターをリアルタイムで遠隔モニタリングすることが可能。

　小規模分散型の電源を複合的に運転させるVPPという発想は、当時のエネルギー研究界でも知られているものだった。しかしその背景には主に天然ガスを利用する小規模コージェネの運用があり、変動性再エネの相互補完などがVPPによって実際どの程度可能なのか、疑問符が残る状態となっていた。

　このような背景から、ドイツの大手再エネ設備メーカーを中心に、14もの企業・組織[1]が共同で発足させたのがコンビクラフトヴェルク実証実験プロジェクトである。
　その目的は、先に挙げた論点の有効性を実環境で証明するだけでない。実在の再エネ発電設備と蓄電設備をVPPで統合・制御することによって、一万分の一スケールで再現されたドイツの年間電力需要曲線を100％賄うシミュレーションであった。それはすなわち、ドイツの電力需要を再エネだけで賄うことが可能だということを意味する。

1/10,000のドイツ

　実証実験に投入された実在の再エネ発電設備は、将来の（100％再エネのドイツの）1/10,000に相当する組合せで選定された。風力、太陽光、バイオマス発電の賦存量、そして将来の電力システムを予想するシナリオ研究などを基に、実証実験に必要な規模や立地を割り出した。

その結果、次の実在の発電・蓄電設備が選定された（図1）。
- 風力は内陸部2カ所を含む3カ所のウィンドパーク、計12.6MW。
- 太陽光は全国に散在する20カ所、計5.5MW。
- バイオガス発電所4基、計4MW。うち1基が一次予備力、1基が二次予備力として投入された。
- 蓄電は、シミュレーションの全体規模に見合う設備が当時は無かったため、実在の揚水発電所を1/1000スケールでシミュレーションした。その模擬設備の出力は1,060kW、蓄電容量は84.8MWhと設定された。

図1：コンビクラフトヴェルクに参加した設備の立地図（出典：Das Regenerative Kombikraftwerk: Abschlussbericht、R. Mackensen、K. Rohrig、H. Emanuel 、2008）

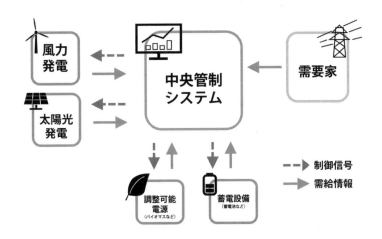

図２：コンビクラフトヴェルクの概念図（出典：Das Regenerative Kombikraftwerk: Abschlussbericht、R. Mackensen、K. Rohrig、H. Emanuel、2008をもとに著者作成）

　これらの設備は、データ回線を介して中央管制システムに接続され、VPPを構成した（図２）。

コンビクラフトヴェルクの需給調整

　コンビクラフトヴェルクの運転パターンは二段階で構成されている。

　第一段階では、需要予測および気象予報に基づいた運転計画の計算が行われる。

　まず、VPP内の太陽光発電および風力発電設備の立地の気象予報をもとに、中央管制システムが予想される発電量の推移を計算する。続いて、この発電予測データを電力需要の予測データと重ね合わせた差から、発電と消費の同時同量を達成するために必要な残余需要を割り出す。

　この残余需要の予測推移を基に、今度は調整可能なバイオマス発電、そして揚水発電の運転計画を計算する。太陽光と風力による予想発電量が予想需要を上回る（つまり残余需要が負の値の）時間帯には揚水発電所のポンプを稼働させて余剰電力を吸収し、逆に残余需要が正の値の時間帯には揚水発電所とバイオマス発電所で必要なだけの発電を行うこととなる。

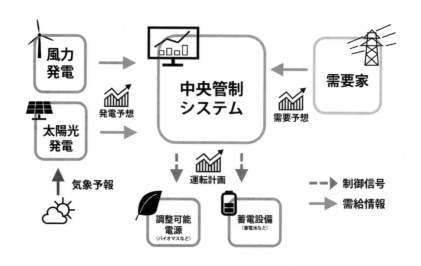

図3：コンビクラフトヴェルクにおける需給調整の第一段階（出典：kombikraftwerk.de をもとに著者作成）

　続く第二段階では、予想値と実測値をすり合わせる微調整が行われる。天気予報に基づく太陽光と風力の発電予想、そして電力需要側の予測データはいずれも完全ではないため、必ず実測値との差異が発生する。コンビクラフトヴェルクの中央管制システムは、発電側と需要側の実測値をリアルタイムで監視し、予測値との誤差を検出すると、それに応じてバイオマス発電と揚水発電の運転計画を再調整して、発電と消費の同時同量を確保する。
　また、バイオガス発電が既に全停止状態で、しかも揚水発電所が余剰電力を十分に吸収できない場合、風力発電の出力を抑制することで対処する。

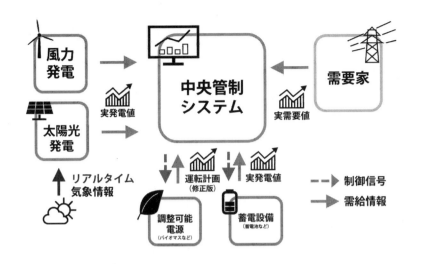

図4：コンビクラフトヴェルクにおける需給調整の第二段階（出典：kombikraftwerk.de をもとに著者作成）

　このような仕組みで、コンビクラフトヴェルクは2006年一年間の電力需要および気象条件に対応することに成功している。その、一年分の需給調整を表したアニメーションは、研究プロジェクトの公式サイトにて公開されている（http://www.kombikraftwerk.de/kombikraftwerk-1/rueckblick.html）。
　また、実際に過去のドイツに生じた気象データをシステムに入力して、年ごとに異なる気象条件を想定し、蓄電設備の要領設定を上下させたシミュレーションなどを行った。その結果、充分な蓄電容量を確保すれば、ドイツの電力を100％再エネでまかなうことは原則可能であることが立証された。

4-2　直売業者とバーチャル発電所（VPP:Virtual Power Plant）の市場

　コンビクラフトヴェルク実証実験が証明した、VPPによる再エネの需給調整の有効性は、「再エネ100％」という実験のシナリオに限られたものではない。電力部門における再エネの割合が30％を突破した現在のドイツでも、既に数多くの事業者がコンビクラフトヴェルクと同原理のVPPを駆使してビジネスを展開している。本節では、ドイツにおけるVPP系のアプライアンスとして最も普及しているといえる、再エネの直接販売事業を紹介する。

FIPの参入ハードル

　固定価格買取制度（FIT）の再エネ電力は、当該地域の配電網事業者が全量を固定価格で買い取り、最終的には送電網事業者（TSO: Transmission System Operator）が全量を電力卸市場で販売する仕組みとなっている。つまり、発電事業者はあくまで発電すればよく、その電力の行く先に関与する必要は無い。発電すればするだけのFIT収入を得られるため、需給調整や電力市場の価格動向に対応するインセンティブは皆無であり、まさに「発電してあとはおまかせ」、いわゆるproduce and forgetの状態である。この、いわば素人でも発電事業に参入できる仕組みは、ドイツにおける再エネの黎明期を大いに支え、技術の発展と市場の形成、そして発電単価低下の原動力となった実績がある。簡単な手続きと、高度な投資安全性のため、多くの市民や中小企業の再エネ事業に参入したからだ。

　しかし、スタートダッシュとも言える第一段階を卒業したドイツの再エネは、純粋な量的成長以上に、需給調整と市場に則した挙動を求められるようになっている。この、エネルギーヴェンデ第二段階の要求を制度面に反映した最初のステップが、FITからフィードイン・プレミアム（FIP）への移行であり、それに内包される再エネ電力の直接販売といえる。

　助成制度としてのFIPの詳細は3-1章に譲り、まずはFIPへの移行が発電事業者にどのような要求を投げかけているかに注目したい。

FIPの導入は2012年から段階的に進められ、現行制度（2016年以降）では、設備容量100kW以上の新設再エネ設備はFITが認められず、必然的にFIPの対象となっている。FIPの対象となる設備および事業者は主に次の事項が義務付けられている。

> ① FIPの対象となる設備は、遠隔制御機能を搭載していなくてはならない。
> ② FIPによる助成の対象となる電力は全量、TSOを介すること無く直接電力卸市場EPEX SPOTで販売しなくてはならない。

①に関しては、比較的簡単な通信設備の増設で対応できるものの、②はいち再エネ発電事業者にとって高いハードルを設けている。
　企業が電力卸市場EPEX SPOTの取引に参加するためには、

> ・EPEX SPOTよりパワートレーダーとしての認可を受けたスタッフが、取引の責任者として必要であり、
> ・企業がバランシンググループの代表であることが求められている。

　つまり、自らの責任で電力卸市場に参入するには、極めて専門的なパワートレーダーとしてノウハウが必要であり、またそのノウハウを駆使して常時取引市場で立ち回るだけの企業体制が求められる。
　これだけでも、中小企業や市民エネルギー共同組合、農業者にとっては高すぎるハードルと言える。しかし、「バランシンググループの代表」という条件は更に多くの能力を要求している。

バランシンググループの要求
　バランシンググループとは、電力（および天然ガス）の需給調整における組織単位である。一者、もしくは契約関係によって結ばれている複数の発電事業者や需要家の集合体（例えば電力小売会社や発電事業者、大口需要家など）であり、需給調整における商業的な口座の役割を果たしている（電力の需給調整

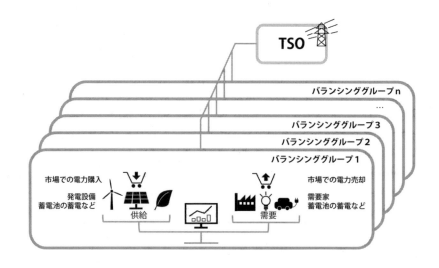

図5：バランシンググループの概念図

の技術的な責任はTSOにある）。

　バランシンググループの代表は、グループ内の需要と供給を常に一致させる、つまり口座のバランスをとることを義務付けられている。この場合の「需要と供給」とは必ずしも物理的な発電と消費ではなく、電力の売買も含まれている「調達と支給」の意である。例えば、需要家のみが構成するバランシンググループは、市場で電力を購入してバランスをとり、逆に発電家のバランシンググループは電力を販売することで口座のバランスをとることになる（発電と需要の混在するグループも可）。

　バランシンググループの代表は、グループ内の需要と供給を事前に予想し、場合によっては電源の運転計画を調整するか、電力を売買するなどしてバランスをとる。そして、このバランス状態にある需要と供給の推移を、15分割りの計画としてTSOに事前に伝達しなければいけない。

　このようにして、管内の全バランシンググループの需給予測を受けたTSOは、その情報を基に技術的な需給調整手段を計画する仕組みとなっている。

このような背景があるため、FIPの直接販売を自ら行おうとする発電事業者は、バランシンググループ代表となり、正確な発電予想を立て、それに応じた電力量をEPEX SPOT で販売するという、モニタリングマネジメントトレーディングの能力を要求されることとなる。そして、予想に反して口座がインバランスに陥ると、TSOにペナルティを支払うことになる。とりわけ天候依存型の風力や太陽光発電に関しては、発電量が予想と食い違う可能性が比較的高く、FITとは次元の違う商業的なリスクがつきまとうこととなる。
　これらの、ポストFIT時代の要求を満たすだけの再エネ発電事業者は、個人や中小企業を中心に発達してきたドイツの再エネ業界ではごく少数であることは想像に難くないだろう。

直接販売事業者のビジネスモデル
　ここまで紹介してきたFIPにおける参入のハードルを一手に請け負うサービスが、再エネの直接販売事業となる。FITからFIPへの制度移行は、FITの温床で成長してきた再エネ発電事業者を突如、電力取引の荒野に解き放つようなものではなく、直接販売事業というビジネスの成長と二人三脚で進んできたものといえる。

　直接販売事業者はアグリゲーターとも呼ばれ、FIPの対象となる、複数の再エネ発電事業者（つまりは顧客）の電力を集約（＝アグリゲート）し、その代理として電力卸市場で販売する。顧客はその電力の売上をアグリゲーターから受け取り、助成金であるFIPのマーケットプレミアムを配電網事業者から受け取る仕組みとなっている。逆に、アグリゲーターは取引電力量や顧客の設備容量、電源の種類などに応じたフィーを、顧客から得ることになる。

　それでは、アグリゲーターによる再エネ電力の直接販売は、どのような仕組みで成立するのだろうか。まずは顧客の目線で紹介する。
　顧客はまず、自らの発電設備をデータ回線越しにアグリゲーターの管制システムに接続し、設備の遠隔制御権を確約する。これは通常、比較的簡単な無線通信設備を設置すれば済む。

続いて、発電設備をアグリゲーターのバランシンググループに登録する。これによって、顧客は上述の需給バランスをとる責任、つまりは需給予想や設備の運転マネジメント、電力の販売といったタスクを全てアグリゲーターに譲渡することになる。顧客に残されたマネジメントのタスクは、メンテナンスなどによる設備の運転停止予定を、予めアグリゲーターに申告しておくだけである。
　つまり、アグリゲーターと契約を交わした再エネ発電事業者は、FIT時代のProduce and forgetとほぼ変わらない条件のもとFIPに参入できるという、計り知れないメリットを得ることとなる。それどころか、パワートレーディングに長けた、有能なアグリゲーターと契約すれば、より多くの売上を受け取れることもあり、マーケットプレミアムと合わせるとFIT以上の収入を得ることも可能になる。
　このようなアグリゲーターの登場によって、ドイツの再エネの発展を支えてきた中小規模事業者（個人、市民エネルギー協同組合、都市公社など）は、FIT卒業後も市場に参入し続けることが許されている。

　逆にアグリゲーターの目線で見た直接販売事業はどのような仕組みになっているのだろうか。
　再エネ電力を電力卸市場で販売すべく、顧客と契約を交わしたアグリゲーターは、その発電設備を自社の管制システムに接続し、自らが代表を勤めるバランシンググループに登録するといった手続きは上述のとおりだ。つまり、アグリゲーターは全ての顧客電源の発電量を予測し、口座の需給バランスを守るべく、その電力を電力卸市場で販売することになる。
　そのタスクを達成するための技術的基盤こそが、前節で紹介したコンビクラフトヴェルクと原理を同じくする仮想発電所（VPP）である。アグリゲーターは、顧客の発電設備を全て自社のVPP（＝バランシンググループ）に統合し、需要（＝電力の取引量）と供給（＝発電量）のバランスを調整するのである。
　それでは、アグリゲーターは具体的にどのようにVPPを運用して直接販売をおこなうのだろうか。手順を追って紹介する。
① まず翌日の気象予報を基に、VPP内の太陽光や風力といった変動性再エネの出力予想をたてる。

② 同時に、気象予報や電力卸市場の動向、電力需要の予想曲線といった情報を分析し、翌日の市場にどれだけの電力が出回り、市場価格がどのように推移するかを予想する。
③ ①と②の予想データを基に、VPP内の調整可能電源（バイオガス発電など）の翌日の運転計画を決定する。市場価格が上昇する見込みの時間帯に出力を上げ、より多くの売上を得ることが目的である。また、ネガティブプライスが予想される時間帯には変動性再エネの出力抑制を検討する場合もある。
④ ①の発電予想と③の発電計画をまとめた、翌日の出力計画を、14時30分までにTSOに伝達する。

この①〜④の手順は、前節のコンビクラフトヴェルクでいうところの第一段階に相当し、気象情報や市場動向の監視を分析、電源構成の管理をポートフォリオ・マネジメントと呼ぶ。

⑤ ポートフォリオ・マネジメントではじき出した翌日の発電電力を、電力卸市場の前日取引で販売する。前日取引は正午12時締切[2]のオークション形式で、翌日24時間の電力が一時間割で取引される。

この、前日に行われる「分析→ポートフォリオ・マネジメント→電力取引」の手順は、あくまでも前日情報の分析から出発しているため、確実性は必然的に限られてしまう。とりわけ気象予報と実際の天候は多少なりとズレる可能性があり、日射や風況の変化により、ポートフォリオ・マネジメントで設定した出力計画と、実際の発電の間に誤差が発生することはむしろ確実といえる。

しかし、VPPの発電側が計画に対して過不足を生んでしまうと、TSOに対して申告済みの出力計画を守れず、バランシンググループの口座がインバランス状態に突入し、ペナルティを課せられてしまう事態に発展する。

このインバランス状態を極力回避するために、アグリゲーターは「分析→ポートフォリオ・マネジメント→電力取引」という手順を、当日になってからも繰り返すことになる。

① より正確性の高い当日の気象予報を基に、VPP内の太陽光や風力といった変動性再エネの出力予想を修正する。

② ①の修正版出力予想をもとに、前日の出力計画との誤差を計算する。
③ ②の誤差を修正するべく、VPP内の調整可能電源(バイオガス発電など)の当日の運転計画を、可能であれば調整する[3]。
④ ポートフォリオ・マネジメントで修正できない誤差の電力は、電力卸市場の当日取引で調達もしくは売却して埋め合わせる。当日取引の電力は15分割で売買され、デリバリーの45分前まで取引を行うことができる。

このように、「分析→ポートフォリオ・マネジメント→電力取引」のサイクルをギリギリ直前まで行うことで、出力計画と実発電の誤差を最低限に抑え、バランシンググループの口座を安定させることができるのである。

直売事業の市場状況

それでは、現在、ドイツではどれだけの再エネ設備がFIPの直接販売に参入しており、アグリゲーターの市場はどのような状況なのだろうか。

先にも述べたとおり、FIPによる直接販売は2012年にバイオガス発電を対象

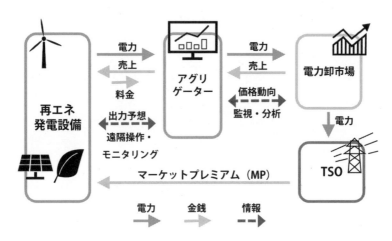

図6：アグリゲーターによる再エネ直接販売の仕組み

に始まり、2014年以降、(小規模設備を除いて) 種類の区別なく全ての新設再エネ設備に義務付けられている。また、2014年以前に運転を開始した設備も任意でFITからFIPへ移行することを認められている。

つまり、2014年以降の再エネは増設量の大半が直接販売の対象となり、既存のものも一部直売に転じたことになる。

それだけに、直接販売のもとにある再エネの設備容量は大きく伸び、2017年6月現在、導入当初の約3倍にあたる約63.9GWにのぼり、ドイツの再エネの全体量の63%に相当する (表1)。

内訳は約7割が風力 (洋上を含む) であり、太陽光発電、バイオマス発電と続く。

種類別では、設備の単体規模が大きく、既存設備も多くがFIPに転向した陸上風力が94%と直売の割合が最も多い (洋上風力はFIT時代には建設されていないため、比較外)。逆に太陽光発電は、一戸建て住宅の屋上ソーラーなど、FITに留まる小規模設備が多く、22%と割合が最も小さい。

FIPの直接販売で取引される電力量が伸びるとともに、直売をサービスとして提供するアグリゲーターも増加している。

業界紙Energie & Management (E&M) によると、2017年8月現在、ドイ

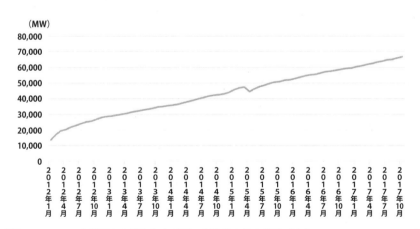

グラフ1：FIPの直接販売の対象となる再エネ設備容量の推移 (出典：netztransparenz.deより作成)

種類	FIP設備容量（MW）	全体設備容量における割合
水力	709	46%
ランドフィルガス、汚泥ガスなど	253	52%
バイオマス	5,249	76%
地熱	30	75%
陸上風力	43,726	94%
洋上風力	4,820	100%
太陽光発電	9,109	22%
合計	63,896	63%

表1：2017年6月現在、FIPによる直接販売下にある再エネの設備容量と、全体における割合。（出典：Monitoring der Direktvermarktung - Quartalsbericht (06/2017), IWES/ISI/IKEM/THI, Karlsruhe/Kassel/Berlin, 06/2016）

ツのTSO 4社にFIP系のバランシンググループを登録している法人は185社にのぼる[4]。しかし、このうちの何社が実質的に直売事業を展開しているかは、明らかになっていない。ただし、E&Mがアンケート調査を執り行った46社のポートフォリオ（契約している再エネ設備の発電容量）の合計だけで71GW[5]に達することから、実質的な市場規模がある程度窺い知れる。また、このうち25社がホワイト・レーベル、つまり他社ブランドの直売事業を下請けとして運営している、と回答している。

　市場に参入している企業の種類は様々で、大手電力会社から地方の都市エネルギー公社、再エネ専門のパワートレーダーなどがある。VPPに抱えているポートフォリオの規模も9GW超の大所帯から、わずか1.2MWの超小規模までと開きが大きい。この多様化の背景には、特定の地域や再エネの種類、予備力市場など、ニッチに特化した事業者の出現があるという。

　FIP電力の増加とともに参加者も増えてきた直売事業の市場だが、競争が激化し、近く整理統合へと向かう見通しだ。E&Mの調べによると、殆どの場合、直売は黒字事業であるものの、薄利化の傾向が著しく、業界では吸収・淘汰の波に備え始めているという。

直接販売のメリットと展望

　アグリゲーターによる再エネ電力の直接販売の大きなメリットは、FIPという条件のもとにおいても、個人・中小企業といった小口事業者が市場に参入できることにある。しかし、FIPの導入は本来、エネルギーヴェンデの第二段階、「再エネのシステム統合」に突入したドイツの最初の政策手段でもある。
　それでは、直接販売が電力供給そのものにどのような影響を及ぼすのか、本節の冒頭で触れた、再エネのシステム統合の文脈で検証してみたい。

　まず、バランシンググループの口座安定性が全体的に向上する。
　FITでは、TSOが管内のFIT電力をひとつの、自前のバランシンググループで統括し、前日取引で売却していた。そのため、変動性再エネの予想発電量と実発電量に比較的大きな開きが発生しがちで、全体的に電力の需要と供給のバランスが予期せず傾くケースが増えていた。（口座インバランスのペナルティはTSOに支払われるため、TSO自身は口座バランスを守るインセンティブを持たない。）
　逆にFIPの直接販売を行うアグリゲーターは、電力の当日取引で口座のインバランスを解消する努力を行う。この努力を怠ると、インバランスを相殺するためのコストをTSOに請求され、事業の経済性が悪化するからだ。より正確な当日気象予報などを動員することで、前日にTSOに申告した出力計画をより正確にトレースできるようになり、全体システムとしても電力の需要と供給のバランスが安定する。

　続いて、電力網の負荷予想がより正確になる。
　TSOは、バランシンググループ代表から前日に申告される出力計画をもとに、送電線の負荷を計算し、ボトルネックなどの対策を採っている。つまり、出力計画と実際の需給値の差異が大きいと、その対策の練り直しを迫られ、コストがかかることとなる。
　アグリゲーター同士の競合は、気象予報と、それに伴う変動性再エネの出力予想の質を向上させ、結果的に送電網の運営を安定化させている。
　アグリゲーターによる直接販売はさらに、電力販売の経済的リスクを、公共

から民間へとシフトさせている。

　上述のとおり、ドイツのFIT電力はTSOが一括して電力卸市場で販売している。つまり、市場取引に伴う経済的リスクもTSOが負うことになる。しかし、送電事業は自然独占であるため、結果的に託送料金を支払う末端需要家の負担となってしまう[6]。

　対してFIPの直接販売の場合、これらのリスクは全てアグリゲーター、つまり競合し合う民間企業が市場原理にのっとって負担することになる。

　このようにして、VPPの原理を利用した再エネの直接販売は、需給調整や送電網の安定化、そして再エネを市場原理に近づけることに貢献しているのだが、最後に、もうひとつの側面を強調しておきたい。

　VPPの原理による再エネの需給調整は、現行のドイツのFIP制度に限られた現象ではない。前節で紹介したコンビクラフトヴェルクが実証したとおり、100％再エネの電力供給は可能であり、その技術的基盤こそがVPPである。ドイツのFIP導入はそこへ向けた第一歩と理解できる。

　再エネアグリゲーターの出現と成長は、VPPを核とする事業、そしてその市場の形成を物語っており、エネルギーヴェンデを進めるドイツの行く先を暗示している。

　時期はまだわからないが、再エネ発電が直売の売上だけで経済性をもったとき、FIPという助成制度も終わりを迎えることになる。それまでは幾つもの市場改革を要するものと思われるが、再エネが市場で競争力を持って独り立ちしても、VPPによる再エネ販売がドイツの電力市場の中核を担っていることは、想像に易い。事実、買い取り期間である20年のFIT（もしくはFIP）助成が終わろうとしている再エネ発電設備をターゲットに、直売サービスを企画しているアグリゲーターが、早くも出現している。

　また、ここまで紹介してきた直接販売は、VPPが可能にするビジネスのひとつにすぎない。コンビクラフトヴェルクのVPPに蓄電設備が含まれていたことから読み取れるように、VPPの需給調整は電源だけではなく、蓄電や需要家を

ポートフォリオに統合することでより威力を発揮することとなる。
　これらの詳細は5章の柔軟化、そして6章のセクターカップリングに譲って、次項では、直接販売の応用の可能性を、幾つかの事例を以って紹介したい。

4-3　バーチャル発電所（VPP）の事例

　2012年のFIP導入後、前節で紹介したとおり、アグリゲーターによる直接販売が、自己消費を除けば、再エネ売電の標準ケースとなっている。

　発電事業者は、市場販売に必要なマネージメントをほぼ丸ごとアグリゲーターに一任し、発電設備をFIT時代と変わらぬproduce and forget形式で運転することができる。

　現行制度では設備容量100kW以上の新規再エネ発電設備、つまりは殆どの風力、そしてバイオマス発電の新規案件が直接販売に参入することになっており、今後も直接販売による取引量が増え続けることは間違いないだろう。

　本節では、これまで紹介してきたVPPおよび再エネ直接販売を、具体的な事例を以て深めていきたい。

　しかし、「アグリゲーターに投げておしまい」というタイプのスタンダードケースは、事例は多くも内容は概ね前節で述べたとおりであるため、事例を挙げることは割愛する。

　これから紹介する事例はむしろ、VPPを駆使した直接販売の応用例であり、再エネの更なるシステム統合、そして本書の主旨である「エネルギー自立」へ向けた示唆に富んだものを選択した。

事例：グッセンシュタット エネルギー協同組合
　ドイツ南西部、バーデン＝ヴュルテムベルク州シュヴァーベン地方にあるゲルシュテッテン町のグッセンシュタット地区は、人口約1,400人の集落だ。シュトゥットガルトから車で約1時間ほど走った、なだらかな高原地帯は酪農が盛んな地域である。

　ドイツの農家、とりわけ酪農や畜産業を営むものにとって、今や一般的且つ貴重なビジネスとなっているのが、バイオガスエネルギーだ。なぜかというと、家畜の糞尿、そしてもともと飼料として作付けされているトウモロコシなどの

写真1：グッセンシュタット エネルギー協同組合の発起人、トーマス・ヘッカーさん
(©Fachverband Biogas/Baerwald)

作物はメタン発酵の原料として適しているからだ。これらの原料を発酵させて発生するバイオガスはメタンとCO_2が主成分であり、専用のコージェネ（熱電併給）設備で燃焼すると、電力と熱を得ることができる。

　電力は当初はFIT、2012年以降はFIPと引き換えに売電され、熱は地域熱網を介して末端消費者へ届けられるのが一般的なケースとなっている[7]。電力と共に熱を利用するコージェネは、エネルギー効率、そして経済性の上で望ましいだけでなく、地域資源であるバイオマスを最大限持続可能に利用することにつながる。

　グッセンシュタットも例に漏れず、バイオガスのコージェネで得た熱を地域熱網に供給している。

　発起人は若手酪農家のトーマス・ヘッカーさん。2008年に家業を継ぐと、90頭の乳牛が生み出す水肥や堆糞をエネルギー利用するために、自治体と周辺の農家に協力を持ちかけた。

　自治体はちょうどその頃、グッセンシュタット地区の熱供給の刷新を模索し

ており、その需要を賄うだけの熱源を必要としていた。しかしヘッカー単独では、それだけのバイオマスを生み出すことは不可能であった。そこで、半径5km以内にある27件の農家とエネルギー協同組合を設立し、自前の家畜糞尿に加えトウモロコシ、草、ツキヌキオグルマなどエネルギー作物の供給を確保した。これらの原料を発酵させて生まれた熱は、全長4.8kmの地域熱配管を通り、学校などを含む110の需要家に届けられている。これらの顧客も全員、組合員である。

調整可能電源とFIP

さて、本事例の本題である電力だが、2013年営業運転開始の当設備は当然ながらアグリゲーターと契約を交わし、直接販売を行い、FIPを受け取っている。

前節で、アグリゲーターによる直接販売は発電事業者にとって「FIT時代と同じproduce and forget」と書いたが、バイオガスを含むバイオマス発電についてはいくらか訂正する必要がある。なぜなら、バイオガスは風力や太陽光発電とは違い、天候に依存しない調整可能な電源であり、FITとFIPでは異なるインセンティブが働いているからだ。

FITでは、発電した電力を一定額で確実に売電できるため、発電すればするだけ収入を得ることになっている。そのため、バイオガスを含むバイオマス発電は設備利用率を最大限に押し上げ、なるべく24時間全負荷運転を行うことが経済的に望ましい。事実、ドイツのバイオマス発電設備は平均で約76％以上と、比較的高水準の設備利用率を残している（**グラフ２**）。

しかし、このような運転方法は再エネのシステム統合の視点からすると、決して望ましくない。電力システムの柔軟性に関する詳細は5章に譲るが、太陽光と風力の変動性再エネが増えるにつれて、それに呼応する、柔軟な調整可能電源が需給調整に必要となってくる。つまり、変動性再エネが多く発電している時間帯に出力を抑え、逆に太陽光と風力が少ない時間帯に多く発電することが求められている。逆に、ベースロード的に一定出力で発電する電源は、需給調整のお荷物的存在となる。つまり、調整可能なバイオマス発電は、その出力

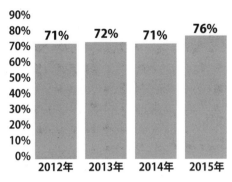

グラフ2:ドイツにおけるバイオマス発電の設備利用率(出典:BDEWより作成)

をフレキシブルに調整してこそ真価を発揮するといえる。

　そのようなフレキシビリティを誘引するためのインセンティブが、ドイツにおけるFITからFIPへの制度変更に含まれている。
　FIPの直接販売ではまず、発電事業者の収入が電力1kWhあたり一定ではなく、電力卸市場での売上が大きく影響する。助成金であるマーケットプレミアムは月毎に一定ではあるものの、電力の市場価格は刻一刻と変化している。そのため、取引価格の高い時間帯に発電すればするほど、売上は増える。更にバイオマス発電は(太陽光や風力とは違い)燃料もしくはメタン発酵の原料を必要とするため、電力をなるべく高値で販売することは純利益を高める効果がある。
　また現行制度では、フレキシブルに運転するバイオガス発電設備に対して、設備容量1kWあたり年間40ユーロの追加給付が20年間約束されている[8]。その場合、実際にフレキシブルな運転を保証するために、設備利用率が50%を超えてはいけないことになっている。このような追加助成によって、フレキシビリティに必要な設備投資をサポートすることがねらいである。

　このような背景があり、FIP時代の調整可能電源、バイオガス発電はFIT時代と同じ一定出力のベースロード運転ではなく、よりフレキシブルな、電力市場追従型の運転を求められている。

市場追従型運転の仕組み

　それでは、ヘッカーらが運営するグッセンシュタット エネルギー協同組合のバイオガスプラントは、そのような要求にいかにして応えているのだろうか。

　原料のメタン発酵によって生まれたバイオガスを燃焼するためのコージェネ設備は、計3基設置されている。これらの設備をブロック式に組合せて稼働させることで、全体の出力を（ゼロを含めて）最大8段階で調節することが可能となる。コージェネ設備の出力を個別に調節することも可能だが、発電効率が低下し、モーターの摩耗、そして排ガス成分の変化という側面からしても望ましくない。そのため、複数のコージェネ設備を全負荷運転で組み合わせる調整方式が優先されている。

　このように、ヘッカーらは3基のコジェネ設備のオン・オフを繰り返して全体出力を調整しているわけだが、その操作は当然、自らタイミングを見計らって手動で行っているわけではない。

　グッセンシュタット エネルギー協同組合の電力は、アグリゲーターのネク

コージェネ設備	バイオガスコージェネ （発電容量は400kW／205kW／1,167kW）
年間発電量	約410万kWh（一般家庭1,170世帯分）
年間熱供給量	約300万kWh（一般家庭140世帯分）
蓄熱タンク	40万㎥
バイオガス用 蓄ガスタンク	3,000㎥
地域熱網	全長4.8km、需要家110件

表2：グッセンシュタット エネルギー協同組合のエネルギー供給設備の概要

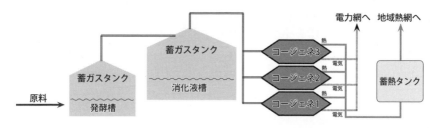

図7：グッセンシュタットエネルギー協同組合の設備の概念図

スト社（NEXT Kraftwerke）が電力卸市場で販売している。つまり、ヘッカーらの発電設備はネクスト社のVPPに加わっており、バランシンググループの一員としてポートフォリオ・マネジメントの対象となっていることになる。

ポートフォリオ・マネジメントとは、気象予報や市場の動向を分析した上で翌日に予想されるVPPの変動性再エネ電力の発電動向を予測し、調整可能電源の運転計画をたてることだ（詳しくは前節を参照）。安値が予想される時間帯には出力を抑え、高値の時間帯にはコージェネ設備をフル稼働させるといった具合に、電力卸市場EPEX SPOTにおける前日取引の価格動向の予想を基に運転計画が立てられる（**グラフ3**）。

EPEX SPOTの前日取引は正午12時に締め切られるため、ネクスト社は午前11時までにポートフォリオ・マネジメントを完了させ、翌日24時間分の運転計画を顧客であるグッセンシュタット エネルギー協同組合に伝達する[9]。運転計画は、遠隔操作およびモニタリング用のデータ回線を通じて、直接発電設備にインプットされ、設備はそれを自動的に実行していくので、事業者側の操作は全く必要ない。

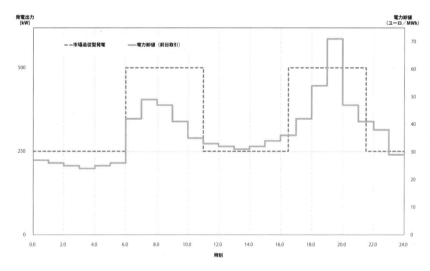

グラフ3：ネクスト社による運転計画の例。平時は250kWの出力で稼働し、市場価格がピークとなる朝夕の時間帯に250kWの発電設備が追加で稼働している（出典：next-kraftwerke.deより作成）

運転計画の設定時に考慮しなければいけないのが、地域熱網の熱需要と、バイオガスの発酵プロセスだ。

コージェネでは発電出力と熱出力はほぼ比例しているので、特に冬の寒期などに低出力の発電が続くと、地域熱の需要をカバーしきれない事態に発展してしまう。グッセンシュタット エネルギー協同組合では、充分な熱供給を確保しながらも発電の柔軟性を上げるために、容量40㎥の蓄熱タンクを設置して対応している。コージェネ設備の出力を落としている時間帯には、蓄熱タンクに蓄えられていた温水を地域熱網に供給し、逆に高出力の時間帯にはタンクの温水を補充する仕組みだ。

また、バイオガスを生み出すメタン発酵プロセスは、基本的に一定速度で進行しており、細かい調整は不可能だ。発生するバイオガスをコンスタントに発酵槽から抜き取らないと、槽内の生化学的バランスが崩れ、最悪、発酵プロセスそのものが破綻する可能性すらある。バイオガスをコンスタントに燃焼しないグッセンシュタット エネルギー協同組合では、直接燃焼しない分のバイオガスを、3,000㎥の蓄ガスタンクに溜めて、高出力の時間帯に備えている。

これらの蓄熱および畜ガスタンクの容量と貯蓄レベルは、遠隔モニタリングの一環でアグリゲーターであるネクスト社にも随時把握されているため、運転計画の設定に自動的に盛り込まれている。

このようにして、グッセンシュタット エネルギー協同組合のバイオガスプラントは、FIP時代に要求されるフレキシビリティを実現しながら、熱供給との両立を達成している。

VPPと予備力市場

VPPとバイオガスなど調整可能電源は、フレキシブルな需給調整だけではなく、これまで分散型再エネに閉ざされていた、もうひとつの扉を押し開けている。予備力市場への参入である。

予備力とは、**4-2**で紹介したバランシンググループによる需給バランスが、予期せぬ原因（天候の異変、電源のトラブルなど）によってインバランス状態に陥った場合に稼働する電源もしくは需要のことを指す[10]。需給のインバランス、つまりは電力の需要と供給の同時同量が達成できない状態に陥ると、発電

不足もしくは発電過多となり、電力系統の交流周波数が上昇（発電過多）もしくは下落（発電不足）して、停電の危機に瀕することとなる。

　このような事態に迅速に対応できるよう、TSOは予備力市場で瞬時に投入できる発電容量を調達して、充分な備えを行える仕組みになっている。

　これまで、ドイツの予備力市場は揚水発電や天然ガスタービン、大型火力発電所など、旧来の化石エネルギー系のプレイヤーが主役だった。予備力市場への参入条件は厳しく、例えば一次予備力の提供を認められている業者はドイツ全国でもわずか23社（2017年7月現在）と少ない。そのような条件のひとつが、少なくとも1MW（一次予備）ないし5MW（二次予備以降）の調整可能電源を有することであり、小規模分散型の再エネにとってはクリアすることがほぼ不可能な数字だった。

　しかし、複数の調整可能再エネ電源を統合してこのハードルを超える「プーリング」は認められている。アグリゲーターが、幾つものバイオガス発電設備などを同一のVPP（プール）に統合し、仮想の大型発電所として市場に参入する方法で、これはまさにVPPの十八番といえる[11]。また、FITの制度下では、同一の発電設備を複数の市場（例えば卸市場と予備力市場）に出すことは禁じられていたが、FIP移行後は許されている。

　こうして、グッセンシュタット エネルギー協同組合のような小規模事業者でも、アグリゲーターを通して予備力市場に参入し、更なる利益を挙げることが可能となった。

　ヘッカーらのバイオガスプラントは、アグリゲーターであるネクスト社を通して、二次予備力と三次予備力を販売している。

　ドイツの予備力市場は基本的に、電力の実供給量（仕事）ではなく、インバランス時の供給能力（容量）を取引する、容量市場となっている。つまり、通常の運転計画から更に出力を上げる、もしくは抑制する能力を持つだけで、収入を得ることができる。フレキシブルな運転によって普段から余力を持っているグッセンシュタットのプラントにとっては、恰好の追加収入だ。

　また、実際に予備力として電力を供給すると、その電力量（仕事）に対して料金を受け取ることとなっている（二・三次予備のみ）。

第4章　ドイツの直接販売業とVPPのビジネス　　143

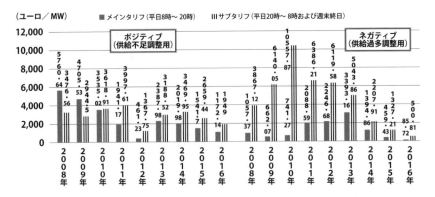

グラフ4：二次予備力容量の年間平均価格の推移。供給不足を補うための発電容量（左）と、供給過多を補うための負荷もしくは出力抑制（右）が、別価格で取引されている（出典：nextkraftwerke.de）

　グッセンシュタット エネルギー協同組合など、複数の予備力（容量）をVPPに統合したネクスト社は、その容量を予備力市場に出して販売し、その売上が顧客に渡る仕組みだ。

　実際に需給インバランスが発生し、二・三次予備力の供給（仕事）が必要となると、TSOからヘッカーらのバイオガスプラントに備え付けられている遠隔操作ユニットへ要請信号が届き、出力の上昇（供給不足によるインバランスの場合）もしくは抑制（発電過多によるインバランスの場合）が自動的に行われる。同時に、ヘッカー氏の携帯電話に予備力供給を報せるメッセージが届く仕組みとなっている。

　再エネの割合が増え続けるドイツにおいて、電力系統の安定化に必要不可欠な予備力も、今後は再エネの割合が増えることは必至だ。予備力市場のオークション方式は2018年7月以降、より再エネに優しい形へと改正されることが既に決定している[12]。また、風力、太陽光の変動性再エネの予備力市場参入も試験的に始まっており[13]、再エネ発電事業者にとってのビジネスチャンスは拡大していきそうだ。

事例：ビュルガーヴェルケの地域電力

続いて紹介する事例、ビュルガーヴェルケは、ドイツ全国に点在する市民エネルギー協同組合の電力を、地域電力ブランドとして販売する、いわば「仮想市民発電所」だ。「ビュルガー」とはドイツ語で「市民」の意であり、「ヴェルケ」は「発電所」を表している。

写真2：ビュルガーヴェルケと提携している、キルヒャルト村の市民ソーラー発電所
（©Bürgerwerke eG）

市民エネルギーの悲願 —地域電力

ドイツにおける市民電力の位置づけは1-1-2章で紹介してあるとおりであり、市民が中心となって小規模分散型の再エネを広めた結果が今日のドイツの現状と言っても過言ではない。そして、このようなボトムアップ式のエネルギーヴェンデの象徴とも言えるのが、市民エネルギー協同組合だ。

ドイツの協同組合制度の生みの親であるフリードリヒ＝ヴィルヘルム・ライフアイゼンが遺したとされる「村のカネは村に」の言葉どおり、エネルギー協同組合の最大の意義はその地域性にある。

再エネの場合、発電設備が地域にもたらす恩恵は、発電事業者が地元の業者

であるかどうかで、大きく左右される。域外の企業であれば、利益の殆どが地元にとどまらず、住民たちは風車やメガソーラーの眺めだけを負担することとなってしまう。逆に、市民エネルギー協同組合の場合、全ての利益が地元の市民に還元されるため、より大きな経済効果、そして地元住民の合意が期待できる。

　ドイツには現在、約1,000ものエネルギー協同組合が存在するが、その発電事業はFITもしくはFIPによる売電をビジネスモデルにしているケースがほとんどだ。FITやアグリゲーターによる直接販売が、素人である市民に優しいproduce and forgetを可能にしているだけに、その人気にも頷ける。しかしいずれの場合も、その電力は最終的に電力卸市場で取引されてしまう。つまり、全国の火力発電や原子力発電の電力と混同して売買され、全国の需要家へと売られるため、「地域のグリーン電力」というブランド力は失われ「出処のわからないグレー電力」となってしまうのだ[14]。
　地域性を重視する市民エネルギー協同組合にとって、その製品の地域性が失われることは大きな損失だ。それだけに、地元の市民が作った再エネ電力を地元で消費できる、地産地消型地域電力の実現は、ボトムアップ式のエネルギーヴェンデを推し進めてきた人々の大きな悲願だ。

　しかし、地域の再エネを買い上げ、地域電力ブランドとして小売を営業するだけのマネジメントは、一般的な市民エネルギー協同組合には到底担えない負担であり、大きなハードルとして立ちはだかっている。

市民エネルギー協同組合のための協同組合

　このように、真の地産地消型地域電力を志す市民エネルギー協同組合に、必要なインフラやサービスを提供することが、ビュルガーヴェルケの取り組みである。
　ビュルガーヴェルケは、自らが協同組合であり、現在、ドイツ全国約60もの市民エネルギー協同組合を会員として迎え入れている。末端の組合員を数えると、1万人以上に上る規模だ。

これら地域のエネルギー協同組合のために、電力の小売販売から、小売り関連の顧客サービス（営業、相談窓口、決済など）を一括して行っている。需要家から見ると、地域のエネルギー協同組合の電力を買うための窓口は、ビュルガーヴェルケひとつとなる。

　組合員である市民エネルギー協同組合に対しては、ビュルガーヴェルケは直接販売事業を提供している。組合が発電する電力を地域電力として販売するためだ。この電力は電力卸市場ではなく、地域の小売客に対して販売されるため、FIPの枠外での販売となる。
　しかし、地域の市民エネルギー協同組合は規模が小さく、それぞれが運営している再エネ設備も数が少ない。それだけに、地域の小売客の需要を365日24時間安定的に満たすだけの電源も、需給調整能力も持っていない。ときには需要を超える発電を行い、ときには地域電力の需要を大きく下回ってしまうことが常である。
　その需給調整を担うのが、ビュルガーヴェルケのVPPであることは、言うまでもない。
　組合による発電が地域客の需要を超過している場合、余剰分はFIPの枠で卸電力市場で手放す。逆に組合による発電が足りない時間帯には、地域顧客の需要を満たすための不足分を、南ドイツの水力発電所から調達している。

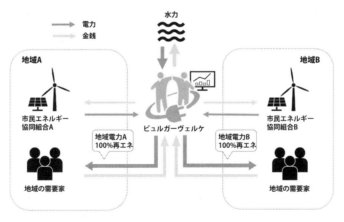

図8：ビュルガーヴェルケの地域電力の概念図

ビュルガーヴェルケがこの方式で小売販売している電力は約9割が水力由来であり、市民電力の割合は残り約1割に留まっている。しかし、ビュルガーヴェルケという、100％市民所有の企業が電力小売事業に参入し、全国の市民エネルギー協同組合に地産地消の地域電力ブランドをもたらしている事実は画期的であり、今、大きな注目を集めている。
　そして、その志は高い。ビュルガーヴェルケ代表のカイ・ホック氏によると、ゆくゆくは協同組合系の電力小売事業者を、大手電力会社や都市エネルギー公社と並ぶ第三の柱に成長させたいと言う。

事例：地域電力の道具箱 - ルメナーザ

　地域電力を含むVPP系のアプライアンスには、敷居の高いハイテク事業というイメージがついて回る。天気や市場データの分析に始まり、ポートフォリオ・マネジメントや電力の取引は専門的なノウハウや高い技術力を要求するため、地域電力の中心的担い手であるべき地方の都市エネルギー公社や市民エネルギー協同組合にとっては、参入がためらわれるのも致し方ないかもしれない。
　ベルリンに本拠地を置くIT系スタートアップ企業のルメナーザ（Lumenaza）は、そのような中小企業を対象に、地域電力に必要な機能をソフトウェアとして提供している。

クラウドの中の地域電力

　ルメナーザを設立するアイディアが生まれたのは、創立者のクリスティアン・ショボダ氏がドイツ南部のフランケン地方を訪れたときだった。太陽光発電が非常に盛んな同地域では、誰もが再エネ電力を作っていたにも関わらず、その電力はFITで売却されるため、どこでも買うことができない。発電を行っている本人でさえ、コンセントから出てくるのは出処が不透明なグレー電力だという、大きな矛盾に気づいた。地域の電力を直接地域で買える仕組みを作るために、ショボダは2013年にルメナーザを創業することとなる。

　ルメナーザの手がける地域電力は、比較的シンプルなVPPとして構成されている。同じ地域の再エネ電源と需要家を全てひとつのバランシンググループに

統合し、その中で受給調整を行い、過不足分を電力市場で売却もしくは調達する。こうすることで、市場を介すること無く、より多くの地域電力を末端消費者に届けることができる。

　特筆すべきは、そのサービスの展開方法だ。ルメナーザは自らが地域電力事業を営むわけではなく、その機能をすべてクラウドサービスとして、地域の電力会社などに提供している。つまり、必要なITインフラとソフトウェアを準備しておき、顧客はそれをウェブインターフェースを通じて利用することとなる。

　現在、ルメナーザが支える地域電力は6件あり、電力の直接販売やバランシンググループの需給調整、市場取引や小売電力の供給など、VPPの主な機能を全て提供している。とりわけ、ポートフォリオ・マネジメントを含むバランシンググループの運営と市場取引は人工知能の力を借りて自動的に行われているため、顧客側は特別なノウハウを必要としないのが利点だ。

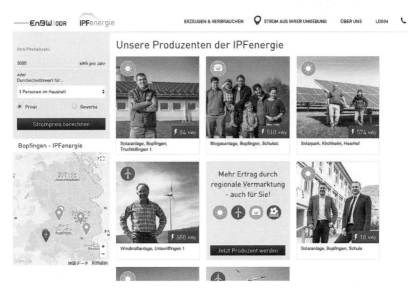

写真3：ボップフィンゲン地域電力のサイト。地域の発電事業者を紹介する「マーケット」のページもルメナーザが提供しているサービスのひとつだ（出典: ipf-energie.de）

電力会社の道具箱

　ルメナーザは自らのビジネスモデルを「utilty in a box」と呼んでいる。「utility」とは英語で「電力会社」の意であると同時に、「utility box」は「道具箱」だ。

　ルメナーザの提供するソフトウェアは、地域電力に必要な機能だけではなく、需要家との決済や契約締結、営業、経理、顧客サービスなどと幅広く、必要に応じて選択することができる、道具箱型のシステムになっているからである。

　このように、ドイツにおけるVPPは今や、中小企業にも実現できる汎用性の高いソリューションとなりつつある。

〔注〕

1：発起者はEnercon、Solarworld、Schmack Biogasの3社。パートナーとしてデベロッパーや業界団体、そしてドイツ気象局などが加わった。
2：時系列で言えば手順4と5は逆になるが、ここでは分かりやすさを優先させて頂いた。
3：これは15分割の当日取引に対応できるだけの柔軟性をもった設備があるかどうか、そしてその顧客と該当する契約を交わしているかによる。
4：出所：Energie & Management Nr. 15-16/2017
5：これは表1のFIP対象設備の合計容量を上回っている。その理由として、直接販売はFIPの枠外でも行われていること、ホワイト・レーベリングの元請けと下請けが重複していること、アンケート回答企業の自己申告値であることなどが考えられる。
6：また、TSOが電力の取引を行うことは、アンバンドリングの理論上、望ましくないことでもある。
7：地域熱は、熱源となるバイオガスプラントの近くに、住宅地などある程度まとまった熱需要が存在することが条件。熱配管の距離が延びると伝達ロスが多くなり、経済性が成立しないためだ。近所に充分な熱需要がない場合、バイオガスを専用の配管で需要地まで送ってから燃焼するサテライト方式、それか、バイオガスを更に精製して天然ガス網に供給する方式が広がっている
8：2014年8月1日以降に営業運転を開始した設備について。それ以前の既存設備を、改造・増設によってフレキシブル化した場合は、増設した設備容量1kWあたり年間130ユーロのフレキシビリティ・プレミアム（FP）が10年間に渡って支払われる。このFPの対象となる増設容量は、累計1350MWでフタが設定されいてる。事実、2013年運転開始であるグッセンシュタット エネルギー協同組合の設備はこのFPの対象であるが、本文ではなるべく現行制度を紹介したいがために割愛させていただいた。
9：アグリゲーターや契約内容によっては、翌週7日間運転計画や、当日取引を利用した15分割の運転計画もある。
10：正確には、いちTSOの管内でインバランスに陥ったバランシンググループがお互いに相殺しきれない電力を、予備力で賄う。
11：ここでいうプーリングとは、あくまで複数の発電事業者（もしくは需要家）をプールに統合して市場参入する行為であり、北欧などで採用されている電力市場市場制度の「プール制度」とは区別される。
12：現行制度は一週間分の取引を12時間割で前週水曜日に締め切っていたが、新制度は4時間割の前日取引となり、VPPのポートフォリオ・マネジメントと合致しやすくなる。
13：4-1では省略したが、コンビクラフトヴェルク実証実験の2号実験にあたるコンビクラフトヴェルク2では、予備力を含む全てのアンシラリーサービス（無効電力供給やブラックスタートなど）を100%再エネで賄うことが可能だということが証明されている。変動性再エネによる予備力供給も、そこには含まれている。
14：2017年版の再エネ法（EEG）では、半径50km以内で発電されたFIP電力を、需要家に対して地域再エネ電力として証明することが許されているが、それを実行するための政令が2017年10月現在発効していないため、その効果の程は不明である。

5章
ドイツの系統柔軟化に関わる市場とビジネス

西村健佑

5-1　系統柔軟化の総論

分散型電源と系統

　従来の電力系統整備は、大規模集中型の電源を中心に、高圧から中低圧へ、電源から需要家へ電力が一方的に流れることを前提として行われてきた。しかしドイツのように再エネが普及すると、この前提が成り立たなくなる。特に、分散型で小規模な電源である再エネが普及すると、電圧を問わず電力が系統に流れ込んで逆潮流が起こり、これまでの大規模電源から需要家への一方方向を前提とした系統では対応できなくなってくる。

　また、再エネ資源はドイツ全土で均一に分布しているのではなく、偏在している。この偏在の具合がこれまでの原発や火力発電などの大規模発電所の立地とは異なっているため、再エネの普及に合わせて系統を整備していく必要がある。なかでも重要なのが南北を通る高圧系統の整備である。ドイツの北部は風力のポテンシャルが高いが、大きな産業は少なく電力需要が小さい。一方で南

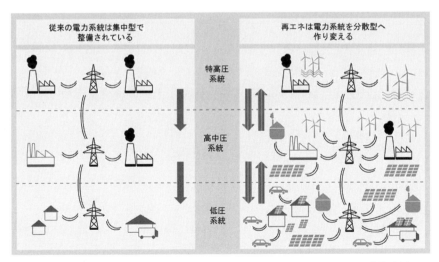

図1：大規模集中電源を前提とした系統（左）と分散型の再エネを前提とした系統（右）
（出典：©Agora Energiewende、「Energiewende 2030:The Big Picture」、2017年から著者和訳）

は再エネの普及が遅れており、かつ産業集積地であるため需要は大きく、北の風力の電力を南へ運ぶ系統の建設が必要になっている。

すでに、北ドイツの風力発電所で発電された電力を運ぶことができず、電源を系統から切り離す解列が行われている。または、ドイツで消費しきれない電力が国際連携線を通じて他国へ流れるループフローも起こっている。

従って、ドイツの系統強化は現在二つの観点から進める必要がある。①南北を結ぶ高圧送電系統の整備、②分散型電源からの逆潮流に対応できる中低圧の系統整備、である。

① 南北を結ぶ送電系統（電力アウトバーン）

従来は需要地の近くに大規模電源を設置してきたが、再エネではそれができないため、北の風力が発電した電力を南の電力消費地へ運ぶ送電系統強化が必要となる。大規模な風力発電所の電力を南へ一方通行に輸送するという点では、これまでの系統整備と似ている。

ドイツは従来よりこの電力アウトバーンと呼ばれる南北の高圧系統の拡充を

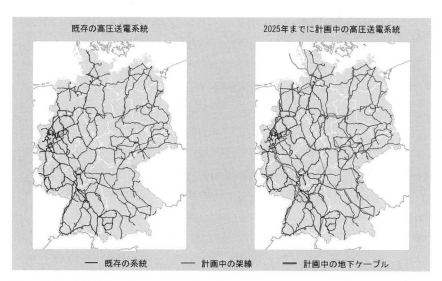

図2：系統の整備計画。凡例は左より、既設系統、架線計画、地下ケーブル計画
（出典：©Agora Energiewende、「Energiewende 2030:The Big Picture」、2017年から著者和訳）

進めてきたが、なかなか計画通りに進んでおらず、必要とされる系統の新設1,800kmのうち、650kmしか実現していない。また、架線であった計画を地域住民の意向で一部を地下ケーブルにするなど、度々計画も変更されている。

② 分散型電源からの逆潮流に対応できる中低圧の系統(スマートグリッド)

多くの再エネ電源が中低圧で系統に接続されるようになってくると、系統の管理は高圧ではなく、再エネ電源が直接接続されている中低圧の系統エリアで行ったほうが効率的である。そこででてきたのがスマートグリッドである。スマートグリッドの定義は様々あるが、本書では「再エネ電源が接続している系統エリア内で変動性再エネや柔軟性を管理、制御し、系統を安定的に運営する技術を導入した系統」とする。技術的にはスマートメーターなどの計測機器と制御装置を各機器に接続し、アルゴリズムなどを用いて系統が自立的に運営できるように制御する。いわゆるインテリジェントなネットワークである。

アイデアや技術は4章で紹介したバーチャル発電所と似ているが、スマートグリッドはより系統エリアに着目したものだ。スマートグリッドによって変電所を通るような系統間での電力のやり取りを減らすことが重要となる。

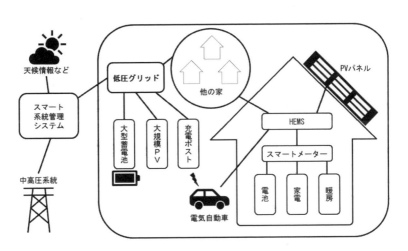

図3：スマートグリッドとスマートハウスの概念図。低圧グリッド内で電気自動車やスマート家電が接続されたスマートハウスが低圧系統エリア内で他のスマートハウスやその他の柔軟性電源がつながり、自立的に運営されている（出典：著者作成）

系統強化は高圧系統の電力アウトバーンと中低圧のスマートグリッドを組み合わせたものである。しかし高圧系統の新設に対する地域住民の根強い反対などがあり、近年はスマートグリッドの開発が特に重要になっている。

残余需要と系統

電力は需要と供給を常に一致させないと停電するという特徴があり、需給調整が重要となる。変動性再エネの導入量が少ない間は需要に合わせて発電設備側で調整すればよかったが、ドイツのように変動性再エネが大量に導入されると、系統管理の思想も転換が必要となってくる。最近聞かれるようになった『残余需要』とは、変動性再エネの導入が進む国で近年進められている系統管理の原則である。

グラフ1は、残余需要という考え方を基にドイツの6月の一週間の電力需給を図示したものである。残余需要とは、再エネ電源からの給電と電力需要の差の部分を指し、系統運営はこの残余需要を管理することを前提に行う。ベースロードによる管理を行う日本では、原発や石炭火力などを常に一定の出力で運転させるが、ドイツでは再エネによる給電と需要の差分を利用可能な手段で埋めることが重要となる。そのためには、刻々と変化する再エネの給電量に素早く対応できる電源が必要となる。こうした電源は「柔軟性電源」と呼ばれる。ドイツ語では単に柔軟性とも呼ばれ、発電設備に限らず、デマンドレスポンス（ドイツでは電力消費を引き下げるネガワットと呼ばれる手法だけではなく、電力消費を引き上げる措置もとられている）、蓄電池なども対象となる。スマートグリッドと柔軟性電源がドイツの系統管理において欠かせない技術である。

気象情報の重要性

変動性再エネを中心に据える残余需要型の系統管理では、安定的な運営のために十分な柔軟性を確保することが欠かせない。しかし柔軟性の確保にも限界があるため、系統管理においては再エネの給電量を予測し、事前の対策をとっておくことが重要である。

再エネの特徴は発電量が天候に左右されることにある。これは再エネの問題

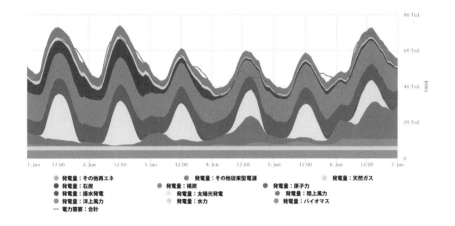

グラフ1：残余需要に従い作成した電力需給のグラフ（ドイツ、2017年6月1日～7日）。折れ線が電力需要を示している。給電している電源は下に再エネ、上に従来型電源を積み上げるように図示しており、ベースロードを前提とした供給グラフとは異なっている
（出典：smard（www.smard.de）より著者作成）

とされているが、柔軟性を提供できる事業者にとってはビジネスチャンスである。バーチャル発電所は柔軟性の提供をビジネスモデルとしており、ドイツ国内では随分普及してきた（**4章参照**）。

　こうしたビジネスでは必要となる柔軟性の規模をあらかじめ把握しておくことが重要となる。それはつまり、再エネの発電量を出来る限り正確に予測することである。

　発電予測の精度を高めるためには、その基礎となる気象情報など様々な情報が必要となる。ドイツでは再エネ法によって100kW以上の再エネ電源はすべてリアルタイムデータの確認と遠隔管理が可能になるよう制御機器を設置することを義務付けており、これらの情報は連邦ネットワーク規制庁によっても管理されている。こうした情報はほぼリアルタイムで公開されており、一般市民も確認することができる（**グラフ1参照**）。

　ドイツには、気象庁（DWD）が提供する気象情報や実況データを基に再エネ電源の発電量を予測するサービス事業者が複数いる。energy & meteo systems社、meteo contro社、enercast社などが代表的な企業であり、その他

にもフラウンホーファー研究所のような研究機関も予測精度の改善に貢献している。

発電事業者、バーチャル発電所や系統運営者はこうした発電量予測サービスと自社の予測を用いながら再エネの発電量予測を行い、系統を安定的に運営できるよう努力している。例えば、ドイツ国内に四つある高圧送電系統事業者のうちの一つ50Hertz社は、翌日の管内の風力の発電量予測誤差の平均偏差は2〜4％、太陽光発電でも5〜7％の範囲内に抑えている。

蓄電技術が系統管理を変える

ここまで変動性再エネの導入が進み、系統の管理手法が変わってきたことを見てきた。ドイツは系統対策の中で最初に取り組むべき課題として系統強化が挙げられている。系統強化はもっとも経済的な手法であり、電力アウトバーンとスマートグリッドの整備は絶対に進めなければならない。また、スマートグリッドが普及すると再エネの発電量に合わせた系統管理、すなわち残余需要を埋め合わせる柔軟性を持った電源の重要性が増してゆく。

そこで登場してくるのが蓄電技術である。蓄電は、系統の制約からどうしても余ってしまう電力を捨ててしまうのではなく、貯蔵して別の場所、または時間に利用することである。再エネをより効率的に幅広く活用するためにも蓄電技術の開発が日進月歩で進められている。

ここでいう蓄電技術は電池に限らない。また、エネルギーは幅広い視点で見ることが重要であり、蓄えた電力を電力以外の形で利用することにも積極的に取り組む必要がある。この章では以降、将来期待される電池、デマンドサイドマネジメント、Power to Gas（パワー・トゥ・ガス）、Power to Heat（パワー・トゥ・ヒート）を取り上げる。

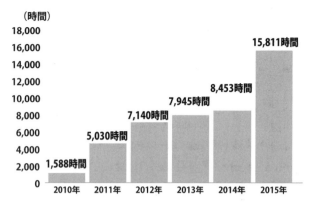

グラフ2：一年間の再エネの出力抑制の発生の述べ時間。発生時間数は、すべての風力発電設備の出力抑制の発生時間ののべ時間を示している（出典：連邦ネットワーク規制庁）

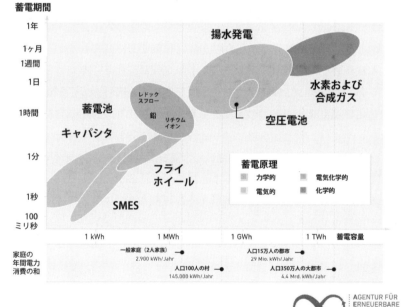

グラフ3：ドイツ国内で検討されている様々な蓄電技術の比較
（出典：再生可能エネルギーエージェンシーの図を著者和訳）

5-2　住宅向け蓄電池

家庭用蓄電池の普及状況

　蓄電池は再エネ電源の系統への負荷を和らげるために有効である。100kW以上の再エネ設備で再エネ法の支援を受ける設備はすでに遠隔制御が可能となっているが、小型の再エネ電源、特に家庭の屋根置き太陽光発電は多くの場合低圧系統につながっており、遠隔制御などの対応はほとんど行われていない。現時点でこうした屋根置き太陽光発電が系統に与える影響は深刻ではないが、将来を考えるのであれば対策を取る必要はあると言われる。その一環としてドイツでは屋根上太陽光の自家消費を推進しており、蓄電池は自家消費率を向上させる蓄電技術として注目されてきた。

　ドイツの一般家庭では、すでに屋根置き太陽光発電と蓄電池を組み合わせた時の電気の発電単価が家庭向け電力小売価格（税込み）を下回る蓄電パリティが起きていると言われている。つまり、家庭で太陽光発電と蓄電池を設置して自家消費したほうが、電気を小売会社から買うより安くつくのである。

　特に蓄電池の価格の下落は大きく、下落率だけで見れば太陽光発電のそれよりも大きい。2008年から2015年までの屋根上太陽光の価格下落率が54％であるのに対して、蓄電池は73％、つまり7年間で価格が1/4にまで下がっている。

　ドイツ、ミュンヘン市で毎年開催される太陽光発電技術の見本市『Intersolar』でも、ここ数年は蓄電池専門の見本市が併催されるようになっている。何かと暗い話題が多く、寂しさも感じる太陽光発電技術分野と比べると蓄電池関連の活況ぶりは目を見張るものがある。

　この結果、ドイツではここ数年一般家庭でも蓄電池が爆発的に普及し始めている。2016年の新規設置は2万2,000件を超えており、前年度比40％以上の成長と言われている。2017年には新規設置件数は3万件を超えると見込まれている。

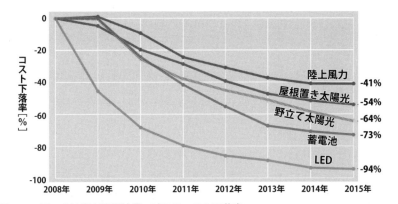

グラフ4：再エネ技術と蓄電技術、LEDのコスト下落率
折れ線は上から陸上風力、屋根上太陽光、野立ての太陽光、蓄電池、LED
(出典：©Agora Energiewende、「Energiewende 2030:The Big Picture」、2017年から著者和訳)

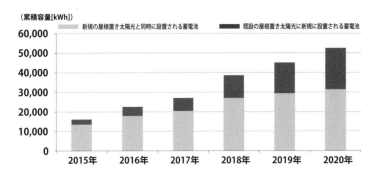

グラフ5：家庭向け蓄電池の年間の新規設置台数の推移と予測（2015〜2020年）
(出典：GTAI『Batteries for stationary energy storage in Germany: Market status & outlook』、2016年を著者和訳)

図4：州別の太陽光発電と連携する蓄電池の新規設置数（2016年）太陽光発電は日射量の多い南ほど適していると言われており、太陽光発電に併設する蓄電池もまた南ほど普及が進んでいる
（出典：再生可能エネルギーエージェンシー）

ドイツ国内で蓄電池が普及した理由には、政府による助成制度の存在が挙げられる。ドイツでは、2013年5月より連邦経済エネルギー省が家庭用蓄電池を支援している。このプログラムは連邦の機関であるドイツ経済復興公庫（KfW）が補助金を管理しており、2015年12月で終了する予定だったものを経済エネルギー大臣のガブリエル（当時）が延長を決めた。これにより、KfWは現在も屋根置きの太陽光発電に接続して電力を自家消費するための蓄電池に低利子融資と補助金を提供している。

補助金を得られるのは、30kW以下の太陽光発電と接続して使用されるもので、補助金は蓄電池の購入コストに対して16％（2017年9月現在）となっている。補助率は徐々に下げられてゆき、2017年10月からは13％、2018年1月1日より10％まで引き下げられ、2018年12月31日で終了する見込みとなっている（政府の支援制度を利用して設置された蓄電池の数については「**グラフ5：ドイツ国内で設置された家庭陽蓄電池の推移**」も参照）。これは、ドイツ政府は2019年頃には蓄電池は政府による助成がなくても普及する段階に入ると見ていることを示している。日本ではテスラ社のPowerwallが安いと有名だが、ドイツではテスラ社ですらそれほど安いという印象はない。

また、この助成制度を利用するには条件があり、補助金を受け取った場合、屋根上太陽光発電設備の系統接続容量は設置容量の50％（2013年の制度開始当初は60％）を上限とすることとなっている。こうすることで自家消費を促し、系統負担の緩和を促しているのである。

ゾンネン社のゾンネンコミュニティ

　このようにドイツでは蓄電池は本格的に普及する段階に差し掛かっており、市場競争も激しくなってきている。すでに電池のサプライヤーは50社以上、製品の数は300を超えると言われている。また、ドイツ企業のシェアが高いのもドイツ市場の特徴である。

　グラフ6を見ると、ドイツで2016年もっとも多くの電池を販売したのがゾンネン社（Sonnen）である。ゾンネンとはドイツ語で太陽のことであり、太陽光発電設備と連携する蓄電池のメーカーである。

　ゾンネン社はバイエルン州の小さな村ヴィルトポルツリートで2010年に設立された（設立当初の名前はPROSOL Invest Deutschland GmbH）。のどかな村にヨーロッパトップの電池メーカーが誕生した背景には、この村が再エネを活用する取り組みを長年続けており、蓄電池の活用の実証なども行っていたことがある。ヴィルトポルツリート村の村長も自宅にゾンネン社の蓄電池を設置しており、誇らしげに見せてくれたことがある。

　2011年にゾンネンバッテリー（Sonnenbatterie）という名前の電池の販売を開始した後、2013年に社名をゾンネンバッテリー社に変更、さらに2015年に現在の社名であるゾンネン社となった。創業者には元テスラドイツ社長などがいる。鉛電池も含めればドイツには100年以上の歴史を持つ電池メーカーも存在

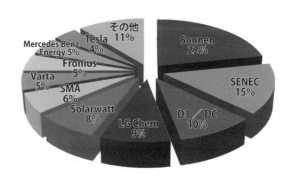

グラフ6：ドイツ国内の2016年の蓄電池のシェア
（出典：EuPD Researchによるドイツ国内の蓄電市場の評価（2017年5月）より著者作成）

第5章　ドイツの系統柔軟化に関わる市場とビジネス　163

写真1：高く評価されるゾンネン社の電池のデザイン（©Sonnen GmbH）

するなか、ゾンネン社は設立後わずか数年でドイツ国内の新規販売シェアでトップに躍り出た（2016年はヨーロッパでもトップシェアを獲得）。

　その特徴は優れたデザインである。特にゾンネン社と名前を変えて以降はブランドイメージも統一し、リビングにも置ける蓄電池というコンセプトでデザインされた電池は高く評価されている。

　電池はリン酸鉄リチウム電池を採用しており、バッテリーセルは日本企業のものを使用している。1万充放電サイクルでも劣化が少なく製品保証は20年である。家庭用電池の容量は4kWhから16kWhとなっており、2kWh単位で変更できる。さらに企業向けには24kWhから48kWh（6kWh刻みで選べる）までの電池を販売している。

　こうした、優れた製品戦略とともにゾンネン社の地位を確固たるものしているのが電池管理システムだ。ドイツ中に設置されたゾンネン社のバッテリーをネットワークで繋ぎ、バーチャル発電所として運営しているのである。（バーチャル発電所の詳細については**4章参照**）

　蓄電池をネットワークでメイン管理センターと繋ぎ、電池の稼働状況を見える化することは昨今のドイツ蓄電池メーカーであれば当たり前のことであり、上位メーカーの蓄電池はウェブサイトで誰でも確認することができるように

なっているが、ゾンネン社はその草分け的存在である。ではなぜゾンネン社はわざわざ販売した電池の稼働状況をモニタリングしているのか。

　ゾンネン社は顧客が希望すれば電力小売も行っている。電池の購入者はほとんどの場合、屋根上太陽光発電と蓄電池を組み合わせて自家消費を行っているが、蓄電池が6kWh程度であれば完全に自立することは不可能である。そこでゾンネン社では完全に再エネ電力で生活したい顧客には、蓄電池でもまかないきれない残りの電力分についても再エネ電力の小売を行うこととした。その電源は他の電池購入者の太陽光発電で余った電力と風力やバイオマスなどである。

　具体的にはこうだ。顧客の家で蓄電池を満充電しても余った電力は系統に流れてゆく。この際、ゾンネン社はこの電力を買い取り、他の顧客でその時点で系統からの電力を消費している顧客に販売している。ドイツ全土が曇ることはそうそうないので、電池のユーザー間で電力を融通し合うことで中間業者を減らし、安い再エネ電力の販売を可能にしているのだ。

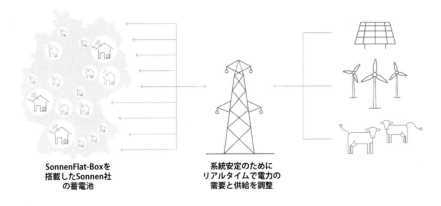

図5：ゾンネン者の電力融通の概念図。ゾンネン社の蓄電池とその他の再エネ電源が系統を通じてつながり、お互いに融通しあっている（出典：ゾンネン社提供を著者和訳）

蓄電池の残量や稼働状況をモニタリングすることで、家庭の太陽光発電と蓄電池の利用状況がわかり、互いに融通し合うことができる。実はこうした仕組みを導入しているのは　ゾンネン社だけではない。
　そこで、これをさらに推し進めたのがゾンネンコミュニティと呼ばれる定額サービスだ。つまり、顧客はゾンネン社の蓄電池を購入すれば定額で電力を利用することができる。しかもその金額は月6,750kWhまで19.99ユーロ（2017年9月時点）と、一般の電力小売事業社と契約するよりも1/4以上安いという破格の値段だ（ただし、電力消費量によって必要な太陽光発電容量、蓄電池容量は違いがある）。

　そしてゾンネンコミュニティに参加している蓄電池は、その容量の数％をゾンネン社が自由に使えるようにしている。ゾンネン社はこの自由に使える蓄電池の容量を集約してバーチャル発電所として予備力市場で販売している。
　予備力市場とは周波数の調整など、系統の安定的な運営に関わる電力をやり取りする市場で、ごく短期の変動指示に対応できる電源（一次予備、二次予備と呼ばれる）については電源を待機しておくだけで収益が得られるようになっている。蓄電池の反応速度は非常に速く、ゾンネン社は蓄電池に蓄えた電気のうち、自社で使えるものを予備力市場で販売し、収益を確保しているというわけだ。一つ一つの蓄電池の容量は非常に小さいが、これを集約すればかなり容量の確保が見込まれるという。
　電源コスト（蓄電池の設置費用）は蓄電池の購入者が支払っているため、ゾンネン社は無料で電源を確保できる。無料の電源を活用して上げた収益があるので電力顧客に対しては格安で電力を提供できるという仕組みだ。顧客は自家消費分か系統から供給された電力かを気にせず再エネ電力をかなりの低価格で利用できる仕組みとなっており、まさにウィン・ウィンの関係である。また、再エネによる予備力の確保は化石燃料による調整用電源の必要容量を低減することにつながる。
　ただし、仮に蓄電池が高額であればたとえ月の電気代が安くなったとしても購入しないだろう。実際の価格はどうか。ゾンネン社による試算では以下のとおりである。

> ゾンネン社によるゾンネンコミュニティに参加した場合の試算
> ゾンネン社による10年間定額サービスを利用した場合の試算
>
> 一度きりの費用
> 屋根置き太陽光発電(5.5kW)の設置＋蓄電池購入（6kwh、ゾンネンコミュニティ参加特別価格）　▲1万5,000.00ユーロ
>
> 10年間の定額の電気代の合計
> ゾンネンコミュニティ参加費19.99ユーロ/月　▲2,398.80ユーロ
>
> 10年間の差額
> 月に4,250kWhと仮定した場合の平均の電気代と差額（電気代の上昇率を3.5％と仮定）　＋1万5,000.00ユーロ
>
> 10年間のFITによる収益
> 現在の買い取り価格（12.3セント/kWh）　＋3,110ユーロ
>
> 10年間トータルの差額　＋1万8,100.00ユーロ
>
> （出典：ゾンネン社ウェブサイト）

　ゾンネン社によれば太陽光発電と蓄電池を新規に設置して10年間ゾンネンコミュニティに参加した場合、トータルで1万8,100ユーロ（約200万円）程度節約できる計算になっている。これはもっとも節約できるケースだが、既存の太陽光発電設備に設置してもそれなりの節約は期待できる。
　ゾンネン社はゾンネンコミュニティを強制しているわけではないが、新規顧客のほぼ全員がこのサービスを選ぶという。また、すでに蓄電池を購入していた顧客も参加可能になっている。
　ゾンネンコミュニティはドイツの電力業界に衝撃を与えた。このサービスが発表された当時、私が調査で訪れた他の電力小売り会社から「ゾンネン社は訪問したか？あそこのビジネスモデルについて教えて欲しい」と質問されていたくらいだ。
　ゾンネン社は、太陽光発電を所有できない集合住宅の住人などもゾンネンコミュニティに参加できるよう、価格設定などの条件を変えながらサービスを拡大している。蓄電池の設置数が増えればゾンネン社の予備力用の電源も増えて

収益機会も広がるという優れたビジネスモデルだ。

　こうして、ビジネスモデルと蓄電池の管理システムで定評を得たゾンネン社は、新しくブロックチェーンを用いた実証を開始している。この実証では高圧送電系統運営会社であるテネット社（TenneT）と共同で、ゾンネン社の電池を用いて系統の安定化を図る実証を行っている。この際の電力のやり取りはブロックチェーンを用いたスマートコントラクトを通じて記録、管理されることになっており、テネット社にとってはシステムの自動化推進と管理費用を減らすことができ、ゾンネン社は顧客に新しいサービスを提供できる機会となる。

他社も様々なビジネスモデルを用意

　ゾンネン社のゾンネンコミュニティは電力業界に衝撃を与えた。将来ドイツの電力システムの中で本格的に再エネによる電力の安定供給を可能にしたエポックメイキングな出来事を振り返る時には、このゾンネンコミュニティは欠かせないだろう。

　これを受けて、他社も続々と新しいサービスを提供し始めた。各蓄電池メーカーはすでに自社が販売した蓄電池を集約して予備力市場に販売することを始めているし、今後はスポット市場でも積極的に販売を始めるようになるだろう。

　容量市場を採用していないドイツでは、スポット市場の価格の変動が激しい（ただし、変動幅は現状ではまだフランスのほうが大きい）。そこで、蓄電池に貯めた再エネ電気を価格が高い時にスポット市場で販売するなどして収益を増大させることを狙うことも可能となる。

　こうした動きは従来の再エネ電力会社や大手電力会社も把握しており、参入機会を伺っている。例えば4大電力会社（日本の10大電力会社に相当）の一つ、エーオン社（E.On）はソーラークラウド（Solarcloud）と呼ばれるサービスを開始することを発表している。

　エーオン社は大手電力会社でありながら太陽光発電や蓄電池、スマートホームなどのサービス展開しており、今後はソーラークラウドを展開するという。ここでも顧客は太陽光発電と蓄電池を購入する必要はあるが、後は月額21.99ユーロから再エネ電気を利用できる（2017年9月時点）。

　詳細はまだ未確定な部分も多いようだが、簡単に言えば顧客は太陽光発電の

余った電力を系統に供給し、エーオン社はこれを台帳に記録する。顧客が自家消費では足りない電力を系統から利用すればそれも台帳に記録する。こうして供給分と利用分を差し引きして電気代を精算するわけだが、エーオン社ではこれをクラウドサービスに見立てて、電力をクラウドに保存すると称している。こうして顧客は仮想的に自分の屋根の上で発電した電気を100％完全に自分で利用することができる。システムはゾンネン社のものとよく似ているが、コミュニティとして利用するか、自分の家の屋根上の再エネ電力を自分で使うかで売り方の違いがある。

　ドイツの電気代は高いと言われる。実際平均の家庭用小売価格はヨーロッパでもかなり高額な部類に入るが、再エネと蓄電池を組み合わせるモデルでは月額20ユーロ程度で再エネ電気を利用できる電力メニューが登場した。しかもこれらは系統負荷を軽減させる仕組みとしても利用でき、今後の発展が非常に期待されている。

5-3 大型蓄電池

大型蓄電池の導入状況

　前節では住宅向け蓄電池を使った新しいビジネスモデルを取り上げた。しかし、系統の安定化とその経済性から見れば、各家庭に蓄電池を設置する仕組みは電力システム全体のコストを引き上げてしまい、効率は悪い。そのため、ドイツでは大型蓄電池を設置して経済効率的に系統の安定化を図る方法も検討されている。

　ドイツ貿易振興機関（GTAI）によれば調整電源の中でも特に速い立ち上がり速度が要求される一次予備力として必要な容量は、ドイツ、ベルギー、オーストリア、オランダ、フランス、スイスの統合市場で1,250MWであり、ヨーロッパ全体では3,000MW程度である。予備力の売値は入札で決められ、2012～2015年までの平均的な価格は１MWあたり3,070ユーロであった（入札では2,800～3,500ユーロの間で応札可能）が、今後はこの最低価格は2,500ユーロまで下がると見られている。大型蓄電池もシステム価格が１kWhあたり870ユーロを下回るようになれば、この価格でも10年で投資回収が可能になると見られている。

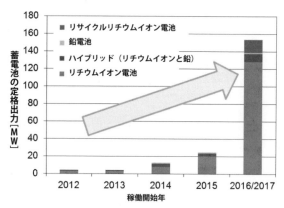

グラフ７：一次予備力市場向け蓄電池の出力と蓄電池の種類
（出典：Fleer, et. Al.「Modellbasierte ökonomische Analyse eines stationären Batteriespeichers für die Bereitstellung von Primärregelleistung」、2016年から著者和訳）

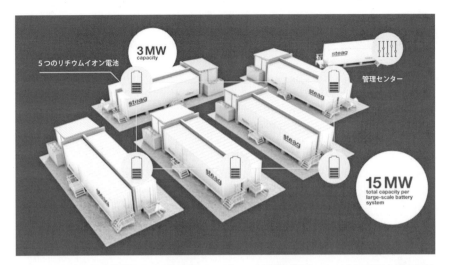

図6：STEAG社の調整電源用大型蓄電池のモデル。大型蓄電池はコンテナに必要な構成部品を詰め込んだプラグ・アンド・プレイタイプが主流である。このコンテナはモジュラー式となっており、つなげることによって拡張可能になっている（出典：©STEAG社の資料を著者和訳）

　アーヘン工科大学などの研究機関の調査では、2016～2017年にかけて一次予備力向け蓄電池の設置が大幅に増える見込みであり、2017年末には容量の27％が蓄電池と試算されている。さらに、大型蓄電池のシステム価格も過去数年で20％近く下落しており、現在は700ユーロ強といったところだ。つまり、大型蓄電池のシステム価格の経済性はすでに達成しており、今後は支援がなくても一次予備力向け電源では大型蓄電池が導入されていくだろう。

　ドイツ国内でも一次予備力電源としての蓄電池活用の経済性向上に向け、多くの官民共同の実証が行われている。経済エネルギー省もこれまでに2億ユーロを超える額を助成してきた。ヨーロッパの予備力市場向け商用蓄電池は2014年9月にドイツで稼働開始したWEMAG社の出力5MW、容量5MWhのリチウムイオン電池が最初とされる。その後も、2016年にはライン・ルール・シュタットヴェルケのコンソーシアムの傘下でドイツ第5位の発電事業者STEAG社が予備力市場向けに15MWの電池を6基設置するなど普及は進んでいる。

通常一次予備力を始めとした予備力市場に参入するには高圧送電系統運営者による承認が必要であり、厳しい条件を満たす必要がある。これらの蓄電池ももちろんこれらの条件を問題無く満たしている。

コラム：一次予備力とは

　停電を防ぐために需給調整を行う電源を予備力という。予備力は刻々と変わる需給バランスに対応するために、系統の安定運営に責任を負っている高圧送電系統運営者の指示に従って出力を調整する能力が求められる。

　一般的にこうした予備力はその応答速度に応じて3つに分けられており、応答速度がもっとも速いものから一次（30秒以内）、二次（5分以内）、三次もしくはミニット（15分以内）と呼ばれる。

　ドイツでは予備力は国内の高圧系統を運営する4社の共同による入札手続きを通して調達されている。

　予備力市場で電力を販売する発電設備は必要とされる時間、速度、電力量を確実に供給できなければならず、系統運営者の事前承認を受けることが必須となっている。

　また、一次予備力市場および二次予備力市場では、実際の電力供給だけでなく、電源を待機させることに対しても対価が支払われることとなっており、仮に予備力を供給しなくても収益が得られるようになっている。

　予備力向けだけでなく、コミュニティレベルでの系統安定化施策としても大型蓄電池の導入が検討されている。具体的には一般家庭の屋根置き太陽光発電が多く設置されているエリアで各家庭が個別に蓄電池を持つのではなく、コミュニティバッテリーと呼ばれる大型蓄電池を設置し、その蓄電池を用いてエリア内で電力を融通し合う仕組みである。ドイツのヴァルドルフ（Waldorf）ではこのコミュニティバッテリーの実証が進められている。

　その他、近年急速に存在感を増しているのが自動車メーカーである。特に電気自動車販売を計画している自動車メーカーは電池のリサイクル用途として定置の大型蓄電池を活用することを検討している。

蓄電池容量	蓄電池の種類	運営者
15MW	リサイクルリチウムイオン電池	Daimler ／ enercuty
6×15MW	リチウムイオン電池	STEAG
13MW	リサイクルリチウムイオン電池	Daimler
6MW	リチウムイオン電池	SWW ／ Siemens
5MW	ハイブリッド：リチウムイオン電池と鉛電池	Eon Energy Research Centre
5MW	リチウムイオン電池	Upside Group
5MW	リチウムイオン電池	Younicos ／ Wemag
3MW	リチウムイオン電池	Statkraft
2MW	リサイクルリチウムイオン電池	Vattenfall ／ BMW ／ Bosch

表1：2016〜2017年に予定されている調整電源向大型蓄電池の計画
(出典：GTAI「The Energy Storage Market in Germany」、2017年を著者和訳)

　現在ドイツ国内で稼働している周波数調整用の一次予備力としての大型蓄電池は14カ所、計画段階や建設段階も含めれば25カ所ある。

蓄電池の産業化に向けて

　蓄電池の一大産業集積地を目指すドイツでは、業界を上げた取り組みが進められている。それが、ドイツ機械工業連盟（VDMA）が推進する蓄電池サプライチェーン構築である。2014年にVDMAは2030年までのロードマップを作成し、ドイツ国内に蓄電池サプライチェーンを構築するための市場見通しや技術、産業のボトルネックを調査している。

　従来、蓄電池のセルの技術については日本の技術が優れていると言われており、ドイツもそれを認めている。実際ゾンネン社など、日本の蓄電池メーカーのセルを採用しているドイツ企業は多い。しかし、そういった状況を打破すべく、産業界全体で取り組む姿勢を見せているドイツは今後セル技術でも日本をキャッチアップしてくる可能性がある。

　ちなみにサプライチェーンの構築とは、各部品のサプライヤーをドイツ国内に抱えるだけではなく、これらが有機的に繋がって安価で高性能な蓄電池の供給体制を整えることである。そのため、VDMAの蓄電池サプライチェーン構築の取り組みにも、電池の部品メーカーだけでなく工場の自動化や、生産管理技術を得意とする企業も参加している。

　この取組はモノのインターネット（IoT）を用いたサプライチェーン構築で

話題となったドイツのインダストリー4.0が世界的に知られる前に始まったものであるが、その要素は十分に組み込まれているだろう。

シュヴェリーンの大型蓄電池プロジェクト

　北ドイツに位置するシュレースヴィヒ＝ホルシュタイン州はドイツでも風光明媚な観光地で、再エネの中でも風力のポテンシャルが高い地域として知られている。風車の設置台数は2,900基を超え、その容量は5,900MWに達する。風力産業の地域での雇用は直接的な雇用だけでも9,000人以上にのぼり（2015年）、重要な産業の一つである。州内の発電量における風力の割合は40％を超えており、先進的な地域であるが、系統管理による制約のため、隣接する州も合わせたドイツの年間の風力の最大新規設置容量が902MWに制限されるなど課題も抱えている地域である。

　そこで、シュレースヴィヒ＝ホルシュタイン州の州都であるシュヴェリーン（Schwerin）市は、2014年にヨーロッパ最大の蓄電池（当時）を用いた系統管理プロジェクトを開始した。

　このプロジェクトは自治体が参画しているWEMAG株式会社が実施している。WEMAGグループは北ドイツ地域で発電事業と配電網の管理事業を行っており、特に管理している配電エリア約8,600km²の域内には2013年時点でトータル1,210MWの風力発電機が設置され、地域の電力の需要の210％の電力を発電していた。そこで、WEMAGグループの配電管理部門であるWEMAG Netz社が管理している配電エリアではうまく需給調整を行えば再エネによるエネルギー自立も可能とWEMAG社は考えた。目標は変動する再エネの給電量に対応して周波数を調整する電源を、現在の化石燃料から大型蓄電池へと切り替えることである。

　それまでの化石燃料による火力発電所では、発電設備を一次予備力市場で瞬時に対応できるように待機させておくため最低でも稼働率60％を維持しておく必要があった（これを『マスト・ラン容量』と呼ぶ）。これでは、残余需要に対応する十分な柔軟性を発揮できないため、このエリアでは風力による電力を系統から切り離す解列を行うことがしばしば起こっていた。せっかく風力に恵

まれ、容量も十分に確保できているにも関わらず、火力発電所のマスト・ラン容量という非柔軟性のために再エネ電力が捨てられる現状を打破するため、WEMAG社は風力の電力を蓄電池に蓄え、一次予備力として運用することで柔軟性に乏しい化石燃料を代替することを考えた。

2013年、WEMAG Netz社は第一弾として出力5MW、容量5MWhとヨーロッパ最大（当時）の大型蓄電池を導入することを決め、蓄電池の管理システム技術に長けたユーニコス社（Younicos）に委託した。

ユーニコス社は検討の末、当時日本でも普及していたナトリウム硫黄電池ではなく、韓国サムソン社製のリチウムイオン電池を導入することに決めた。2万5,000のリチウムイオン電池ユニットから構成される大型蓄電池は蓄電池の中でも高額の部類に入るが、反応速度が非常に速いことで知られている。また、サムソン社がこの電池に20年保証をかけたことも影響した。

この大型蓄電池はパイロットプロジェクトとしてWEMAG Netz社が管轄しているランコウ（Lankow）地域の20kVの配電エリアに接続されることとなり、2014年9月に経済エネルギー大臣のガブリエル（当時）も参加して開所式が行われた。

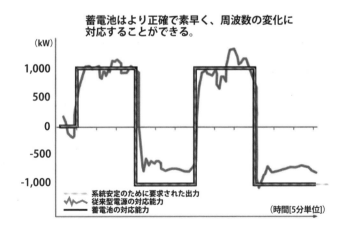

グラフ8：蓄電池と従来型電源の一次予備力としての対応能力。蓄電池は指令に対してほぼ完全にリアルタイムで対応することが可能である一方、従来型電源（火力）では若干の遅れと出力のブレがあることが見て取れる（出典：©WEMAG社提供の資料を著者和訳）

プロジェクトの総投資額は670万ユーロで、そのうち130万ユーロが助成を受けている（経済エネルギー省も80万ユーロを援助している）。この金額は一見すると大きいが、WEMAG社では一次予備力向け火力発電所の維持費に毎週2,000ユーロ/MWかけており、蓄電池で代替すれば維持費を抑えることができ、さらにCO_2の排出も抑えることができる。
　WEMAG社はこの成果を高く評価しており、2016年には蓄電池をさらに10MW建設することを決定した。こちらは助成金を得ずに建設することができ、2017年現在はシュヴェリーンにはトータル出力15MW、容量15MWhの蓄電池が周波数調整に利用されている。

日本も大型蓄電池プロジェクトに参加
　もちろん電池技術で一日の長がある日本もドイツの現状をただ見ているだけではない。新エネルギー・産業技術総合開発機構（NEDO）は2017年3月、ドイツで行われる蓄電池の実証実験に技術提供という形で参画することを決定した。
　ドイツでは蓄電池の普及が始まったとは言うものの、蓄電池はまだまだ高価

写真2：発電所に蓄電池を搬入しているところ（出典：©WEMAG社）

で、特にリチウムイオン電池は経済性や運用、環境側面でも懸念される部分がある。そこで、ドイツでは異なる蓄電技術を組み合わせるハイブリッド大型蓄電池を用いてコストを低減する方法が探られているところだ。

NEDOも参加して行われる実証は2017年4月より2020年3月までの3年間、ドイツ北西部ニーダーザクセン州のファーレル市（Varel）で実施される。設置される蓄電池はリチウムイオン電池（出力7.5MW、容量2.5MWh）とNAS電池（出力4MW、容量20MWh）のハイブリッド式である。このプロジェクトでは北ドイツの風力発電からの電力を蓄電池に蓄え、予備力として利用する予定となっている。

近年のハイブリッドタイプの大型蓄電池ではリチウムイオン電池とレドックスフロー電池の組み合わせも多く見られるが、今回のプロジェクトでは日本ガイシのNAS電池を採用しており、成果が注目される。

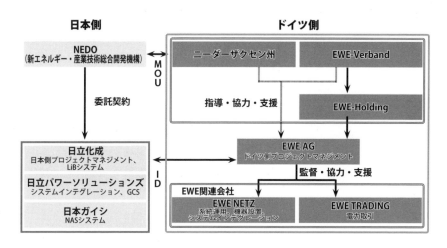

図7：NEDOが進めるハイブリッド大型蓄電池実証プロジェクトの実施体制
（NEDO資料基に作成）

5-4　デマンドサイドマネジメント（DSM）

デマンドサイドマネジメントの有用性

　日本では2017年４月よりネガワット市場が開設された。節電市場とも呼ばれるこの市場は、需給逼迫時に電力消費者が自ら電力消費を抑えることで系統混雑緩和を図ることを目的に設立されたものである。この仕組みでは、電力消費を抑えることに対する対価を得ることで、設備の稼働率が下がる（生産量が落ちる）ことで失うであろう損失をカバーすることができ、系統安定に貢献することが期待されている。

　日本では2011年３月の関東大震災で発生した東京電力福島第一原発事故後に定期点検などで停止した原子力発電所の再稼働に遅れが出ており、震災前と比べると発電量に占める原子力発電所の割合が低下している。原発を代替するはずの再エネ電源も電源構成の偏りや、ゾーニングの未整備などの制度的な欠陥から市民の受容度がなかなか高まらず、政令などでメガソーラーの建設中止を禁止する動きがあるなどでなかなか理想通りの成長を遂げているとは言い難い。そこで、電力需要が大きく、供給量が少ない需給逼迫時には停電を避けるために需要家側が電力消費を下げることで系統に余裕を作り出すということである。

　こうしたデマンドサイドマネジメント（DSM）は当然ドイツでも行われている。ただし、日本と異なるのはDSMもあくまで柔軟性の一つとして捉えられているところだ。

　系統安定化のためには需給調整が必須であることは繰り返し述べてきた。これまでは主に発電設備、つまり供給側を調整することで対応してきたが、変動性再エネが大量に導入されると供給側だけで対応するには限界が出てくる。そこで、系統自体を柔軟に運営することでこの問題を解決しようというのが、ドイツの柔軟性市場の要だ。

ドイツにおけるネガワット市場

　ドイツでも産業集積地である南ドイツの需給逼迫を緩和することを目的とし

てネガワット市場の創設に取り組んでいる。2013年から始まったネガワット取引では、電力の大口需要家を対象に合計3,000MW分を入札で募集した。

　この市場ではDSMを二つに分けた。一つが一定の周波数を下回ると1秒以内に自動的に停止する『即時停止負荷』、もう一つが15分以内に系統運営者が遠隔で停止できる『高速停止負荷』であり、それぞれ最小入札容量を50MWとして行った。

　しかし、肝心の入札では応札した企業が少なく、入札にかけた即時停止負荷1,500MW、高速停止負荷1,500MWに対して契約に至ったのは即時停止負荷465MW、高速停止負荷979MWのみであった。

　しかもこれらの稼働時間は2014年2月から2015年3月までの期間で九日間しかなく、失敗だったと言える。

　ドイツ政府は制度を改めて参入を容易にし、2016年に再度入札を行ったがこちらも即時停止負荷は募集した容量に届かなかった。

　この経験からはネガワットだけを取引する市場は成立しづらいこと、アグリゲーターが少ない環境では参加者が非常に限られることが分かった（ドイツのアグリゲーターの多くは柔軟性全体を取り扱っており、DSMだけを取り扱う企業は数が少ない）。これは日本のネガワット市場でも配慮すべき課題である。

　ただし、DSM自体は年々活発化しており、制度設計が重要であることが伺える。

　例えば、風力が大量に発電している状況を考える。この場合、対応策としては火力発電所の出力を下げる以外に電力消費を増やすことで風力の電力を系統で吸収することができる。つまり、需要家が電力消費を増やせばそれだけ系統が安定化する。火力発電所の出力を下げることと、需要家がより多く電力を消費することの効果が同じであれば、あとは経済性の問題となる。そこで、ドイツではこれらをまとめて取引する柔軟性市場の設立を目指している。日本のようにDSMのうち、ネガワットだけを切り出して取引しても系統安定化全体から見れば効果は限定的なのである。

　ドイツのエネルギー政策の研究機関であるアゴラ・エネルギーヴェンデ（Agora Energiewende）は産業が集積している南ドイツのDSMのポテンシャ

ルは1GWと試算している。これは南ドイツだけで原発一基分に相当する規模であり、DSMのポテンシャルは大きい。また、ドイツエネルギー機関（DENA）は南ドイツのポテンシャルはもっと大きく、ドイツ全体では5～15GWになると試算している。

さらにドイツを含むヨーロッパの電力卸市場であるEEXやEPEXは、今後ドイツを対象に『エネルギーヴェンデ商品』を取り扱う市場を開設する検討に入っている。ここで言うエネルギーヴェンデ商品とは、系統負荷の軽減に寄与できる柔軟性と同義である。

デマンドサイドマネジメントはまだまだ知名度が低い

日本でもドイツでもこうしたDSMの有用性の認識は進んでいると考えられるが、いざ現場レベルで検討が進められているかというと、なかなかそううまくはゆかない。

多くの中小企業では、電力消費を落とす＝生産量が落ちる、生産速度が落ちる、と考えており、収益機会を逃すことを恐れるからだ。

そこで、南ドイツで製造業が特に盛んなバイエルン州とバーデン＝ヴュルテムベルク州では、州政府のエネルギー情報広報機関であるエネルギーエージェンシーが情報提供を行っている。彼らのウェブサイトではDSMのポテンシャルを計算することもでき、こうした柔軟な需要家を集約する取り組みが進められている。こうしてDSMの認知度を上げていくことが重要である。

例えば、中小の製造業者では、そもそもDSMの収益のあげ方を知らない場合も多い。DSMが収益を上げる方法は大きく二つある。一つが電力消費を抑える場合、もう一つが電力消費を引き上げる場合だ。

① 電力消費を抑える場合

電力消費を抑えると系統で何が起きるのか。まず系統で需給逼迫が起きると、停電を回避するため、予備力が出力を上げてより多くの電力を系統に供給する。予備力は火力発電所である場合が多く、これを稼働させると燃料費などのコストが発生してしまう。一方で、電力消費を抑えると需給逼迫状況が緩和され、需給調整のための予備力の稼働を回避することができる。つまり、系統に与え

る効果は同じである。需要家はこうして回避できた調整コストの一部を受け取ることができる。また、電力消費を抑えることで電気代も抑えることができる。

つまり、電力消費を引き下げて生産量を落とすことで失う利益よりも、そこから得られる利益と節約できる電気代の合計のほうが大きければ、需要家は喜んで電力消費を下げるのである。

② **電力消費を引き上げる場合**

電力消費を引き上げるとどのような得があるのか。電力消費を引き上げると電気代が増えるだけで良いことはないように見えるかもしれない。しかし、大口需要家で電力を卸市場から直接調達したり、アグリゲーターを介して調達している場合、電気代は刻一刻と変化する。電力消費を引き上げる必要性がある時とはつまり電力が市場で余っている場合であり、卸価格は安値となる（場合によってはネガティブ価格をつける）のでそうした時に電気を使い、電気代が高い時（つまり電気が足りない時）は通常運転または①を行う。これを繰り返すと電気代を節約することができ、また系統も安定する。

さらに、予備力として電力を売ることが可能となれば、電力消費を引き下げることに対して報酬が支払われたり、待機する（つまり、通常運転を行う）だけで報酬が得られるケースもある。

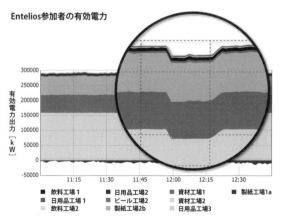

グラフ9：DSMによる有効電力調整。需要家の設備を集めて有効電力の消費量を引き下げ一時的な供給量の減少に対応している（出典：©Enteliosの提供資料を著者和訳）

第5章　ドイツの系統柔軟化に関わる市場とビジネス　181

特に、予備力として柔軟性を販売する仕組みはドイツでもまだまだ知られておらず、可能性のある市場である。実際に需要家をまとめて予備力市場で需要家側の柔軟性を販売しているアグリゲーターもいる。

　1社だけではデマンドレスポンスは大きな役割をはたすことはできないが、多くの需要家を組み合わせることで大きな容量を作り出し、系統安定化に貢献することができる。

冷蔵設備を電源に変える：バランスパワー社

　デマンドサイドマネジメントの中でも、冷蔵設備は古くからそのポテンシャルが認識されてきた。特に冷凍設備は中の食材などが凍っているため、摂氏数度の温度変化は大きな問題とはならない。そこで、電力が余っている時は温度を下げ、電力が不足する時は冷凍電源を切ることによって柔軟性を生み出すことが可能である。

　バランスパワー社（BalancePower）はこうしたデマンドサイドマネジメントのノウハウを持っているエネルギー管理サービス業者の老舗の一つだ。バランスパワー社は、電力調達、ガス調達、電力卸市場販売を行うエナジーリンク社（EnergyLink）の子会社の一つであり、バーチャル発電所、予備力（二次、三次予備力市場）、デマンドサイドマネジメント、これらの計測サービスを提供している。

　エナジーリンク社は1999年よりドイツ冷蔵設備・冷蔵ロジスティクス企業連盟（VDKL）が管理している共同電力一括調達組織である『VDKL Strompool』のエネルギーコンサルタントとして調達業務の請負を行ってきた。もともと冷蔵設備は大量の電力を消費する設備だが、中小の冷蔵設備運営者や冷蔵ロジスティクス企業は電力をうまく買って電気代を下げるということは難しい。そこでVDKL Strompoolはこうした業者をまとめることで価格交渉力を増すとともに、上手な電力調達を行ってきた。エナジーリンク社はそこで実質的な運営管理を行ってきた経験がある。

　その子会社であるバランスパワー社はこうして培われた冷蔵設備運営のノウハウをベースに2005年よりDSMに取り組んできた。そして、2010年には予備力市場の最初期の独立参加者の一つとして認められた。こうしてバランスパ

ワー社は冷蔵設備の柔軟性を取り扱うノウハウを活かして予備力市場で電力を販売する企業となった。

　もちろん従来通り冷蔵設備向けの電力の一括調達も行っており、顧客には冷蔵設備運営者だけでなくユニリーバ、イグローなど食料品を取り扱う企業も多く抱えている。

　その他、溶解炉やポンプ・換気設備のDSMも可能である。こうしたDSMで重要なことは、DSMの実施が本業の業績に悪影響を与えないことである。DSMをやりすぎて本業での収益を落としては元も子もない。そうした観点から言えば、DSMは非常に多くのノウハウを必要とする事業である。バランスパワー社はこうして集めた需要家側電源を、スポット価格追従の運営計画、DSM、ピークシフト、予備力としての販売などを組み合わせて収益を最大化する企業である。

拡張性とセキュリティが鍵：エンテリオス社

　発電設備の本来的な機能は電力を作り出すことであり、その点は変わらない。一方、需要側調整力を提供する工場や設備は、本来は別の目的に利用されるものである。そのため、本業を損なわず、かつ電力市場での収益を最大化するためには、電力市場での電力取り引きのノウハウだけでなく、本業での設備の運営戦略を熟知していなければならない。

　バランスパワー社が冷蔵設備を得意としているのに対し、エンテリオス社（Entelios）は重工業を得意とするデマンドサイドマネジメントのサービス事業者だ。エンテリオス社では、デマンドレスポンス・アズ・サービスを掲げ、ホワイトレーベルとしてノウハウサービスを提供している。ホワイトレーベルとは、相手先のブランド名で電気を販売するビジネスである。この場合、例えば需要側調整力を提供する製造業者は、自社の名前でデマンドレサイドマネジメント能力を販売することができ、例えば企業の社会的責任（CSR）などで活用することが可能となる。

　2010年に設立されたエンテリオス社は記録的な成功を収め、DSMの先進的企業として二次予備力市場に提供する調整容量は4,000MWを超えるまでと

写真3：エンテリオス社が管理できる設備の一覧。エンテリオス社は特に重工業を得意としている（出典：©Entelios）

なっている。そして、エネルノック社（EnerNOC）に買収された後、ノルウェーの再エネ分野で先進的な企業アグター・エネルギーに再買収された。アグター・エネルギーはVPP業界で先進的なノルドグレーン社も傘下に治めており、ノルドグレーン社のバーチャル発電所とエンテリオス社のデマンドサイドマネジメント能力がシンクロして運用されてゆくようになるだろう。

エンテリオス社が提供するエンテリオス・ソフトウェア・スイート（Entelios Software Suite）は複雑な発電設備やデマンドレスポンス設備を組み合わせ、管理するための拡張性を持ったシステムである。このシステム内で集められた需要側調整力はアルゴリズムの導き出した最適な方法で制御される。発電事業者にも当てはまるが、デマンドサイドマネジメントは顧客となる企業の重要な生産設備を遠隔で操作することになり、機密漏洩やハッキングなどには細心の注意を払う必要がある。

エンテリオス社でも、各設備とミュンヘンとベルリンにあるサーバーの間のデータ送信はVPNを用いて行うなどセキュリティに留意すると同時に、系統運営者との送信プロトコルにはOpenADRを採用するなど、高い拡張性も確保

することに注力している。

暖房設備を電源に：ティコ社

　バランスパワー社の事例では冷房設備を紹介したが、そうであれば暖房設備だって当然DSMが可能である。ティコ社（Tiko）が進めるDSMは暖房設備を利用した予備力だが仕組みはかなりユニークである。

　ティコ社はスイスの大手通信企業スイスコム社（Swisscom）と大手電力事業者リパワー社（Re-Power）の合弁で設立された企業である。2012年にサービスを開始したティコ社は現在1万を超える家庭や企業の暖房設備をネットワークで繋ぎ、その需要側の柔軟性を予備力市場で販売している。

　そして、各家庭はティコ社のアプリを使うことで現在の暖房設備の稼働状況が把握できるだけでなく、設備を管理することも可能である。もちろん暖房設備の管理は大部分をティコ社の方で行っている。ここでももっとも重要なことは顧客の暖房需要をきちんと満たすように設備を稼働させることである。ティコ社はゾンネン社とも協力しており、ティコ社のアプリをダウンロードすればティコ社のアプリ上からゾンネン社のバッテリーも管理できるようになっている。

　日本と違い、スイスやドイツはセントラルヒーティング方式を採用している家庭が多い。これは、地下室などに設置された集中暖房器具で温水を作り、それを各部屋のラジエーターに循環させることで部屋を暖める仕組みである。暖房機器にガスボイラーや石油ボイラーではなく、ヒートポンプや電気ボイラーを使っている場合にはその稼働率を調整することができる。こうして需要側調整力を作り出し、予備力市場でスイスの系統運営者であるスイスグリッド（Swissgrid）に販売するのがティコ社のシステムである。

　非常に小規模な電源を数多く集める点はゾンネン社の蓄電池と似ているが、こちらは暖房機器の稼働状況を調整することでデマンドレスポンスを作り出す点で異なる。また、ティコ社のような小さな機器を集めるデマンドレスポンスの事例も少ないため、独自の地位を築いているようだ。

5-5　Power to Heat（パワー・トゥ・ヒート）、Power to Gas（パワー・トゥ・ガス）

セクターカップリングの重要性

　ドイツでは①余剰再エネの活用、②電力以外のセクターにおける再エネ化の推進という二つの観点からセクターカップリング（電力部門、熱部門、交通部門の統合）が注目されている。詳細は次章に譲るが、セクターカップリングとは、再エネで作られた電力を熱や交通部門で利用することである。このセクターカップリングを推進してゆくために、とりわけ再エネの余剰電力（パワー）から熱（ヒート）へ、あるいはガスへ、という事業についても各種、実証実験が開始されたり、部分的には実用化もはじまっている。

　本節では、Power to Heat（パワー・トゥ・ヒート）、およびPower to Gas（パワー・トゥ・ガス）について紹介する。

Power to Heat

　Power to Heat（パワー・トゥ・ヒート）とは、電力（Power）を使って熱（Heat）を作り出す方法である。電力を使って電熱ヒーターやヒートポンプを動かし、発生した熱を暖房や給湯に利用する。理想は再エネ電力を使うことである。ドイツでは現在も家庭用暖房では灯油やガス（中には石炭も！）が大量に使われており、CO_2が排出されている。これらを再エネ電力によるPower to Heatに切り替えていければ大幅なCO_2排出削減が可能となる。

　セントラルヒーティングとともに日本では珍しく、ドイツを含むヨーロッパで普及しているものに地域暖房がある。ドイツでも都市の一部では地域暖房ネットワークがあり、地域の建物をまとめて暖房、給湯しているが、これらの中にも熱源として天然ガスや石油を燃焼させているものがある。当然CO_2が排出されており、これらを再エネ熱に切り替えてゆくことが重要である。

　再エネと熱の相性は悪いわけではない。冬場は風が強く吹くことが多く、特に北ドイツでは風力からの電力が余ってしまうことがある。そこで、再エネ電力が余っている時に電熱ヒーターまたはヒートポンプでお湯を作り、それを蓄熱タンクに貯めておいて必要な時に利用するのである。

写真4：ベルリン、ノイケルンに設置されたPower to Heat用の高さ22mの巨大な蓄熱タンク
地域暖房では大型蓄熱タンクが必要だが、技術自体はシンプルでコストも低い
(出典：©FHV Neukölln、FHW Neuköllnウェブサイト)

　蓄熱タンクの容量にもよるが、Power to Heatは非常に柔軟性が高いのが特徴である。また電熱ヒーターも蓄熱タンクも技術的には十分成熟しており、蓄電池を導入するよりも投資額が低くてすむ。ドイツの地域熱連盟（AGFW）の試算では、Power to Heatの導入コストは1kWあたり150〜180ユーロとなっている。

　そしてもう一つ大きな利点は、運営コストが安いことである。すでに再エネ、特に陸上風力はドイツでもっとも安い電源になっている。ドイツの電気代が高いと言われるのは家庭用小売電力についてであり、風力の電力をオンサイトで利用すればエネルギーコストはかなり抑えることができる。そして、燃料を必要としないため、暖房費が燃料価格に依存しないですむ。つまり、初期投資がほぼ全てであり、熱利用技術においてプロジェクトの経済性の試算のしやすさでは、Power to Heatに勝るものはないと言ってよい。

　さらに、Power to Heatは余剰電力を吸収する設備のため、予備力としても使うことができる。バーチャル発電所に組み込めば熱を売ると同時に予備力市場からも収入が得られる仕組みとなる。例えばベルリンのノイケルン地区には地域熱設備として4万世帯と商業施設やホテルなどに暖房用の熱エネルギーを供給している地域熱ノイケルン株式会社（FHW Neukölln AG）がある。この

会社は2015年に高さ22m、1万㎥の貯水量を持つ蓄熱タンクを450万ユーロかけて建設した。この蓄熱タンクには4基の電気ヒーター合計2.5MWが接続されており、高い柔軟性を持っている。

ドイツ国内で広がる Power to Heat

すでに述べたようにPower to Heatは国内で着実に広がりはじめている。2015年と2016年だけでも25ヶ所が稼働を開始した。図9と表2は新規稼働する設備の一覧を示しているが、運営者は都市公社（シュタットヴェルケ）が多いのが見て取れる。

ドイツの自治体で最初にPower to Heatを導入したのが北ドイツ、ノルトライン＝ヴェストファーレン州の町レムゴ（Lemgo）である。人口4万人の町レムゴの都市公社（Stadtwerke Lemgo）は、ガス、水道、電力、市内バス交通、公営プールを運営している。また、この町は1963年より地域熱を運営しており、その規模は年を追うごとに拡大してきた。もともとレムゴでは自前の地域熱用の設備として出力35MW（熱）のコージェネ設備があり、年間140GWhの熱を生産してきた。さらに補助用にガスボイラーがあり、こちらでは20GWhの熱

図8：ドイツ国内のPower to Heat設備で2015〜2016年に稼働開始するもの
（出典：AGFW「Power-to-(District)Heat-Kraft-Wärme-Kopplung anders betrachtet」、2016年）

企業	都市	容量	稼働開始年
BTB Berlin	ベルリン	6MW	2015年
Kraftwerk Dessau	デッサウ	5MW	2015年
Energiversorgung Offenbach	オッフェンバッハ	10MW	2014年
ENRO Ludwigsfelde	ルートヴィヒスフェルデ	15MW	2014年
FHW Neukölln	ベルリン	10MW	2015年
Heizkraftwerke Mainz	マインツ	5MW	2013年
Mainova	フランクフルト	8MW	2015年
N-ERGIE	ニュルンベルク	50MW	2015年
Stadtwerke Flensburg	フレンスブルク	30MW	2012年
Stadtwerke Forst	フォルスト	0.55MW	2014年
Stadtwerke Greifswald	グライフスヴァルト	5MW	計画中
Stadtwerke Kiel	キール	30MW	2015年
Stadtwerke Lemgo	レムゴ	5MW	2012年
Stadtwerke München	ミュンヘン	10MW	2013年
Energie und Wasser Potsdam	ポツダム	20MW	2015年
Stadtwerke Schwerin	シュヴェリーン	15MW	2013年
Stadtwerke Tübingen	テュービンゲン	5MW	2013年
VVS Saarbrücken	ザールブリュッケン	10MW	2012年
Stadtwerke Münster	ミュンスター	22MW	2016年
Stadtwerke Augsburg	アウグスブルク	10MW	2015年
Stadtwerke Amberg	アンベルク	1.5MW	2015年／2016年
Techn. Werke Ludwigshafen	ルートヴィヒスハーフェン	10MW	2015年
Stadtwerke Jena	イエナ	4MW	2016年
Stadtwerke Lübeck	リューベック	2.5MW	2016年
Bioenergie Taufkirchen	タウフキルヒェン	6.4MW	2016年
合計		295.95MW	

表2：ドイツ国内のPower to Heat設備で2015～2016年に稼働開始するもの
（出典：AGFW「Power-to-(District)Heat-Kraft-Wärme-Kopplung anders betrachtet」、2016年）

を生産し、これで町の熱需要のおよそ半分を担ってきた。さらには大型の蓄熱タンクも2カ所に設置されている。

2012年レムゴ都市公社はドイツで最初の5MWのPower to Heat設備を導入した。ここで作り出された熱は地域熱に供給されている。さらに、この設備の柔軟性を活かし、三次予備力市場で予備力を販売、2013年からは二次予備力市場でも柔軟性を販売しながら熱を供給している。この設備の出力の調整能力は2MW/分となっている。このPower to Heat設備では地域熱配管へ流す水温

は最高で130℃（実際はもっと低い）となっており、投資コストはおよそ80万ユーロ（160ユーロ/kW）となっている。

Power to Heatはあくまで余剰再エネに対応する柔軟性を提供することが目的であり、熱供給をすべてPower to Heat設備が担うことは不可能である。そこで、多くの事例ではガスタービンやガスコージェネ、バイオマスコージェネなどと組み合わせて利用している。

Power to Heatは熱供給設備としてはあくまで補助的な位置づけである。ベルリンにあるアドラースホフ地区の地域熱ではガスボイラーとガスコージェネをメイン（合わせて96MW）に、6MWのPower to Heatを組み合わせ、予備力としての活用を行っている。Power to Heatは柔軟性電源として重要であるが、電力と熱を含めたエネルギー供給システムにおける再エネ電力の供給能力、必要とされる熱需要など、様々な観点から総合的に設計する必要がある。そこでは、システムが供給しなければならないエネルギーの種類（電力か熱か）、エネルギーの需要量と技術ごとに供給できるエネルギー量などのバランスをとることが重要であり、特定の技術に傾倒したシステム設計とならないよう注意が必要である。

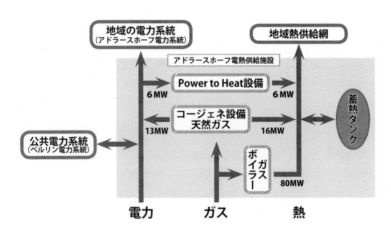

図9：地域熱におけるPower to Heat 活用のスキーム
（出典：BTBベルリン「FlexPaket Adlershof」、2015年を著者和訳）

Power to Gas

　蓄電池がドイツで普及段階に入ったことは示したが、蓄電池には弱点もある。それは長期の保存に向いていない、大容量の導入はコストが非常に大きいということだ。そこで、ドイツで考えられているのが電力（Power）を使って水素（Gas）を作りだすPower to Gas（パワー・トゥ・ガス）である。

　ドイツでは再エネ電力で作り出した水素は、水素ガスとしてそのまま使うかメタンガス化して利用することが想定されている。その理由は、ドイツではすでに天然ガスの貯蔵タンクとパイプラインが全国に整備されており、既存のパイプラインがそのまま使えるからだ。

　ドイツではメタンガス化してパイプラインに流す方法、水素ガスをそのままパイプラインに注入する方法の両方が検討されている。一部（特に天然ガス自動車に搭載されているガスタンク）を除けば、水素ガスの濃度を現在の平均２％から10％まで高めても技術的には問題ないとされている。

　こうして作り出したガスを天然ガス火力発電所などで利用し、徐々に再エネ比率を高めてゆくのが狙いだ。天然ガス火力発電は柔軟性が高く、もともと石炭などに比べればCO_2の排出量も低いが、これに再エネ由来の水素を用いればさらにCO_2排出量を減らすことができる。

　日本では水素というとすぐに燃料電池を思い浮かべる方も多いかもしれないが、燃料電池はサプライチェーン全体を見ると「効率が悪い」（その理由は後述する）のが問題で、まだまだコストもかかる。効率性を考えると当面は水素を既存インフラでそのまま使うほうが良いだろう。

　ここで、当然Power to Gasもまだまだ効率が低く、高コストの技術だと思われる方もいるだろう。ドイツにはそれでもPower to Gasを進める理由がある。それが上述の蓄電池の課題、季節をまたぐような長期の蓄電には向いていないという点だ。

　2050年に電力で再エネ80％を目指すドイツが抱えている課題は、冬場に一時的に再エネの発電量が落ち込んでしまう現象だ。省エネや系統柔軟化を進めても再エネが十分に発電しないのであれば、いずれは電力が不足する。2017年の冬にはドイツで一週間程度再エネがほとんど発電しない時期があり、その期間は常時60GW程度の電力が不足していた。蓄電池ではこれだけの容量をこれだ

けの時間まかなえるほど蓄えることはできない。余った電力を長期大量に保存する技術としてはPower to Gasの方が優れている。

系統運営者が期待する Power to Gas

　2020年東京オリンピックを目標に水素社会構築を掲げる日本も、電力から水素を作るPower to Gasの技術は注目を浴びている。日本では電力の燃料に石炭などの化石燃料を用いることを検討しているプロジェクトもあるようだが、ドイツではあくまで再エネの電力を用いた水素生産のみを念頭に置いている点は大きく異なる。

　また、水素の利用方法も日本では燃料電池などを用いて予備力として使う方法が検討されているが、ドイツではこうした短期の変動の対応のために水素を用いることは、近い将来のオプションとしては考えていないと言って良い。理由は、「効率が悪い」からである。水素は出来る限り水素のまま用いたほうが余計な設備が不要となる。そのため、ドイツでは水素ガスか、メタンガス化した水素を既存の天然ガスパイプラインに流し、天然ガス火力発電所やガスコージェネなどで使うことを念頭に置いている。

　Power to Gasの利点は、蓄電池では不可能な大容量、長期間の再エネ電力の保存である。これを予備力という短期の系統の電力の変動吸収に使うことはもったいないというわけだ。

　もう一つPower to Gasで欠かせないテーマは交通分野での活用、すなわち燃料電池自動車である。こちらも長年技術開発が進められてきた。トヨタのMiraiが有名だがドイツ自動車メーカーも完全に放棄したわけではない。事実、メルセデス・ベンツも燃料電池自動車の2017年販売開始を公表している。

　しかし、燃料電池が次世代自動車の主流となるという考え方はドイツにはなく、あくまでニッチな分野で使われるという認識だ。理由は電気自動車の技術開発が非常に速く、充電速度（燃料電池自動車では充填速度）や航行距離でも燃料電池自動車の優位性はどんどんと小さくなってきているからだ。また、水素はあくまで大容量長期保存に適しているものであり、自動車に用いると蓄電池などの他の柔軟性と比較した水素の優位性が全く活かされず、効率の悪い技術となってしまう。

従ってドイツで燃料電池技術が利用されるのは電気自動車では不可能な分野、例えば24時間稼働し続ける設備や超長距離を移動する乗り物となるだろう。具体的には24時間稼働する工場内の搬送設備や長距離トラック、電車などである。ヨーロッパと陸続きのドイツでは長距離トラックの運行距離が日本では考えられないくらい長距離になることもあり、自動運転などが普及してくれば燃料電池自動車にも期待が出てくるというわけだ。

　以上述べてきたように、Power to Gasはあくまで季節をまたぐような長期の柔軟性が期待されている（そのためPower to Gasを季節間蓄電技術と呼ぶ場合もある）。

　Power to Gasは電力を水素電解装置を用いて水素に変える技術である。水素電解質にはアルカリ型と固体高分子型（PEM：Polymer Electrolyte

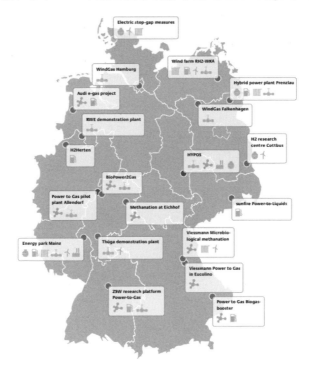

図10：ドイツ国内で進められているPower to Gas技術実証プロジェクト
　　　（出典：DENA「Power to Gas system solution」、2015年）

写真5：エーオン社（現ユニパー社）が進めるウィンドガスプロジェクト。写真はファルケンハーゲンで行われている別のウィンドガスプロジェクトのもの（出典：©E.On）

Membrane）、さらには次世代型があるが、ドイツでは前者二つについて実証が行われている。アルカリ設備の大規模化が必要とされる中、アルカリタイプはPEMと比較して設備が大きくなるという課題がある。将来大規模なPower to Gas設備を入れる際には設備は小型のほうがよく、ドイツではPEMに期待がかかっている。

　Power to Gasの利点の一つは輸送が容易という点である。効率性を考える必要はあるが、水素ガスやメタンガスであれば既存のパイプラインや道路がそのまま使える。高圧送電系統拡充がなかなか進まないドイツでは、既存インフラを使えるのは大きな利点だ。タンクローリーを燃料電池自動車にすれば完璧だと、半分ジョークとして語るドイツの専門家もいる。

　ハンブルク市は風力の電力をオンサイトで水素に変え、既存のガスパイプラインに注入する実証を行った。ウィンドガス（WindGas）と名付けられたこのプロジェクトは連邦交通デジタルインフラ省の支援を受けて2012年から2016年までの3年半、1,350万ユーロの予算をかけて行われた。PEMを用いた電解質（スタック）の容量は1MW、水素の生産量は1時間あたり265㎥である。このプロジェクトはエーオン社の電力インフラを用いて行われた。なお、エーオン社はこの後もウィンドガスプロジェクトを継続して多数実施しており、分社化された新会社のユニパー社（Uniper）がそれを引き継ぎ、精力的にこの分野の研究開発を行っている。

6章
セクターカップリング
〜エネルギーヴェンデを完結させるための戦略

村上敦・滝川薫

6-1　セクターカップリングとは？　100％再エネ実現のためのキーワード（村上敦）

ドイツにおける再エネのこれまでの進展とこの先の展望

　本書では、ここまで「ポストFIT」の取り組みとして、ドイツで立ち上がっている様々なビジネスモデルやエネルギーシステムに対する新しい考え方について、とりわけ電力部門を中心に取り上げてきた。

　ここまで大きく電力部門を取り巻く社会・市場・ビジネスの環境が変化してきたのは、やはり再エネ電力の割合の増大によって、既存の電力システムから新しいシステムに順調に移行してきたという実績に因るものだ。グラフ１で示すように過去の統計を眺めても、それは明らかであり、もともと大型水力発電によって３％程度しか供給していなかった再エネ割合は、2016年には32％と全体の1/3を占めるようになっている。また、今後もFIP＋入札をはじめとする再エネの支援制度が継続したり、あるいは助成措置などの支援がなくとも市場で競争力を持つようになった再エネについては、原則として優先接続・優先給電というルールが維持されるならば自動的に増加を続けてゆくだろう。もちろんその際、どのぐらいのスピードで普及させてゆくのか、という問題については、政治的な支援の枠組みに依存することになる。

　このように快進撃を続ける再エネ電力とはまったく異なり、その他のエネルギー消費部門である「熱」と「交通」においては、その進捗はかなり遅かったり、逆に停滞しているのが実情だ。

　とりわけ「交通部門」においては、2000年代にガソリンや軽油に一定割合のバイオ燃料を混入させることがEU指令で定められ、ドイツでも国内法を整備することによって再エネ割合の増加が観察されたが、５％程度の混入によってドイツ国内の食糧生産を除く余剰農地での生産はほぼ限界に達している。また法的に規定された認証制度の確立によって、持続可能なバイオマス資源の定義も確立し、LCA（ライフサイクルアセスメント）で化石燃料と比較してCO_2排出量を35％以上削減できるものだけをバイオ燃料として使用できることになっ

た。さらに2017年からCO_2削減量は50％となったため、南米や東南アジアなどで往々に観察されるような持続可能でない栽培地からのバイオ燃料を利用することは制限されている。これらの理由から、現状ではバイオ燃料の国内生産量や輸入量をこれ以上ドンドンと増加させることは望めない状況になっている。

当然、バイオ燃料の獲得量に限界があるなら、再エネ割合を増加させるためにはその分母である交通部門でのエネルギー総消費量を大幅に減少させるしかないが、自動車の燃費改善やマイカーから自転車・公共交通への乗り換えなどのモーダルシフトを進めるよりも迅速に、人口増加と経済成長、グローバル経済の拡張によって、移動量・輸送量そのものが増加し、同時に航空便の利用量も増加を続けている。

したがって、従来型の対策を続けることでは、交通部門における再エネ割合の大幅な上昇というドイツ政府の目標到達は絶望的であり、同時に、交通部門における最終消費エネ総量も2020年までに2005年比で10％削減する目標もほぼ達成不可能である。長期目標である2050年までに消費エネ総量を40％削減することも、現状の枠組みでは達成される見通しがない。

一方の微増に留まっている「熱部門」については、「再エネ熱促進法」の施行などで、建築分野における新築や大規模改修では一定割合の再エネ熱の利用が義務付けられているものの、現状の建物ストックにおいて、大々的に太陽熱、地熱、バイオマスの利用が増加する状況ではない。とりわけ熱部門で大きな割合を占める薪やチップ、ペレットなどの木質バイオマス資源については、ドイツで持続的に活用できる生産量に到達しており、これ以上のポテンシャルはほとんどない。

したがって、再エネ割合を向上させるためには、熱部門でのエネルギー消費総量を減少させるしかないが、リーマンショック以降、好景気が続けられているドイツ経済では、そのけん引役である製造業における熱消費の大幅な減少を見込めないでいる。

また建物の分野では、新築に高いハードルの省エネと再エネ利用を義務付け、同時に既存のストックに省エネ改修のための助成を与えているが、人口増加の影響で新築がたくさん建築される現状では、なかなか熱需要の総量を迅速に減

少させるようにはなっていない。とりわけ建物の省エネ改修については、政府は毎年建物ストックに対して2％の改修を進捗の目標としているが、現状ではその半分の1％に留まっており、増加傾向は停滞している。政府が目標としている2020年までに熱部門における再エネ割合を14％にする目標はなんとか達成できる見通しだが、その先の進展にはそれほど期待できない。

さらにドイツ政府はエネルギー政策の第一義の目標として、2050年までに温室効果ガスの排出量を1990年比で80〜95％削減を打ち立てているが、そのためには国内の一次エネ供給を毎年2.1％ずつ削減し（これをドイツでは一次エネルギー消費効率改善と呼んでいる）、2050年までに一次エネルギー供給を2008年との比較で半減しなければならない。

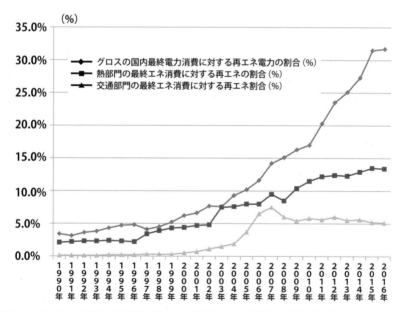

グラフ1：ドイツの最終エネ消費に対する各部門の再エネ割合の推移（出典：ドイツ連邦経済・エネルギー省のエネルギー年鑑）

ドイツの2017年の現状を取りまとめると、以下のようになる。

> 1．再エネ電力の割合上昇は、技術的にも、経済的にも、ハードルが低く、今後も上昇のスピードを上げることは可能
> 2．熱部門の再エネ割合の上昇は、分母にあたる熱消費量の微減の継続に今後は期待するしかない
> 3．交通部門の再エネ割合の上昇は、現状では期待できない
> 4．毎年一次エネルギー供給を2.1%ずつ削減してゆかなければならないが、近年はその削減幅は小さくなっており、今後の持続的な改善が期待されている

　このような現状を正確に理解し、同時にドイツ国民の大多数が望み、国政の全党一致で合意したドイツの気候変動対策目標、およびエネルギーヴェンデ戦略を堅持してゆこうとするなら、セクターカップリングという考え方が必要不可欠な手段、コンセプトであることが自明となる。
　次節からは、まず予備知識として一次エネルギー供給の状況を解説し、その上で「セクターカップリング」を説明してゆく。

一次エネルギー供給の削減

　日本では「省エネ」といった際、国も、国民も頭の中に思い浮かべるのは最終エネルギー消費の削減である。つまり、最終的にエネルギー消費がなされている末端の部門において、冷房の設定温度を上げる、白熱灯をLED照明に切り替えるなどの対策をすることで、エネルギー消費量を削減してゆこうとする考え方である。この考え方の利点は、個々自らの行動や対策ですぐに省エネの成果が得られるというものであり、その対策も少し我慢するとか、少しの投資で済むことができるものが多い。しかし大きな欠点としては、毎年継続的に削減量を積み上げてゆくことが困難であり、そもそも大幅な削減量が見込めないことである。例えば、クールビズによって前年から今年にかけての電気使用量を2％削減することは可能であっても、その翌年にさらに2％、翌々年にさらに2％の削減を追加して実現してゆくことは不可能である。

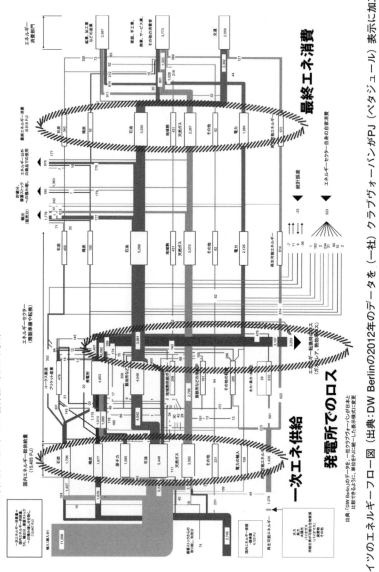

図1：ドイツのエネルギーフロー図 (出典：DW Berlinの2012年のデータを (一社) クラブヴォーバン (CV) が日本との比較できるように、単位をPJに換え、一部書式を変更した加工した。図における左側の石炭・原油・天然ガスなどのエネルギー資源がドイツという国に投入されるエネルギーのことを「一次エネルギー供給」と呼び、それらのエネルギーが様々な産業で加工、転換されて、最終的に右側の消費部門で利用できるエネルギー量のことを「最終エネルギー消費」と呼ぶ。

ドイツにおいても「省エネ」というと似たようなイメージが先行しているため、国の気候変動対策やエネルギーヴェンデ戦略においては、その目標を「一次エネルギー消費効率改善」として、エネルギー最終消費の末端ではなく、一次エネルギーの供給側に注目して省エネの実現を図ろうとしている。

そもそも国が輸入や生産をして入手するエネルギー資源の総発熱量を表す一次エネルギー供給量と、そこからさまざまな過程によって加工・転換され、末端部門が利用できる形になったエネルギー商品の総発熱量を表す最終エネルギー消費量では、その総量に大きな違いがある。その理由で一番大きいのは、加工や転換の過程で大きくロス（主に排熱）が発生するためである。

例えば、ドイツでは連邦経済・エネルギー省の発表によると、2015年の一次エネ供給量は1万3,258PJであったが、最終エネ消費量はその67％に該当する8,898PJに留まっている。この差は4,360PJとかなり大きなものであるが、その大半は火力・原子力発電所において生じる排熱と、その排熱を捨てるために冷却水を循環させるポンプによる発電所の自家消費分とを合わせた3,111PJである。この発電所で捨てられているエネルギー量は、国が資源として獲得している一次エネ供給量の23％にも該当する。

一方の日本の場合は、2015年の一次エネ供給量は1万9,810PJ、最終エネ消費量はその68％に該当する1万3,548PJであり、発電所における転換ロスは5,122PJと一次エネ供給量の26％に該当する。電力としては最終的に3,341PJしか活用していないわけなので、排熱として捨てているエネルギー量のほうが大きい。

日本の火力発電所の熱効率（発電効率）の平均は、ドイツの火力の熱効率よりも高い。これはドイツにはいまだに老朽化した褐炭火力が稼働していることに由来する。しかし総量を比較すると、日本のほうが発電所におけるロスが大きいのは、ドイツでは熱電併給のコージェネと排熱ロスのない再エネ発電の割合が大きいからである。つまり、ドイツのエネルギー戦略上、石炭・褐炭火力と原子力発電という大きな排熱を伴う発電方式から徐々に脱却し、排熱ロスのない太陽光発電と風力発電という変動性再エネ（VRE）を基幹電源と据えて

ゆき、一部の天然ガス発電については排熱を利用する熱電併給のコージェネに置き換えることができるならば、国の一次エネ供給量を1/4近く削減することが可能となる。この置き換えの進捗は、エネルギーヴェンデ戦略で目標としている毎年一次エネ消費効率改善の2.1%が指標となる。

このように大きな割合の省エネ対策として、変動性再エネへの置き換えに加えて、省エネ可能な量が大きく、対策を毎年積み上げてゆくことができる以下の三つの対策が有効である。

1．平均熱効率が35～40%程度の既存火力発電、原子力発電を、熱効率が無限大（統計上は100%と見なせる）の変動性再エネで置き換えてゆく
（一次エネ供給削減の可能量＝20～25%）

2．熱効率が85%程度で稼働している化石燃料による発熱ボイラー（暖房器、給湯器など）を、環境熱を利用することでAPF（通年エネルギー消費効率）が300%以上の電気ヒートポンプに置き換える。ただし、その時の電源は、熱効率が100%で発電された変動性再エネでなければならない。同時に、建物ストックにおいては暖房・冷房のエネルギー消費量が小さな建物への省エネ改修を進める必要がある。
（一次エネ供給削減の可能量＝10～15%程度）

3．熱効率が平均すると20%程度で稼働している自動車交通における内燃機関から、充電・蓄電ロスを含めても平均熱効率80%が期待できる電気自動車（EV）に置き換える。ただし、その時の電源は、熱効率が100%で発電された変動性再エネでなければならない
（一次エネ供給削減の可能量＝10%程度）

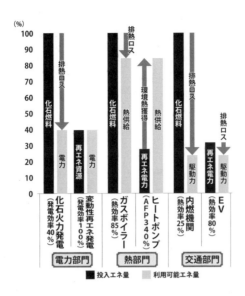

グラフ1：連邦経済・エネルギー省が2015年の電力白書で公表した将来の電力市場2.0を構成するエネルギー戦略において重要な三つのカップリング対策

つまり、この三つの対策を2050年まで継続的に積み上げて進めてゆくだけで、ドイツの一次エネルギー供給量をほぼ半減させることが可能である。

以上の予備知識を考慮するなら、前項で掲げた1〜4のドイツの現状を打ち破るために、次項で解説してゆくセクターカップリングというコンセプトが理詰めで出来上がってきたことが理解しやすいだろう。

ドイツにおけるセクターカップリングとは？

セクターカップリングというコンセプトは、電力、熱、交通という三つの別々のエネルギー生産、消費の部門を、各種のすでに存在している技術の投入によって結合化、連系化、あるいは融通化させることを言う。同時に、ポテンシャルでも大きく、価格も安価になった変動性再エネ（太陽光発電、風力発電）を基幹電源とした再エネ電力の発電量を増加させることが三つの部門の再エネ生産手段の中でもっともハードルが低いため、これをけん引役として、残りの二つの部門（熱、交通）の再エネ割合を上昇させることを目的としている。

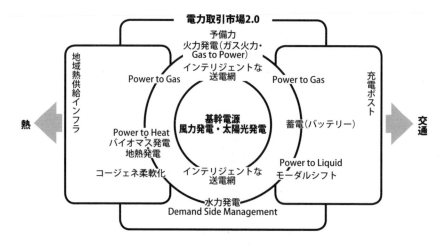

図２：セクターカップリングの概念図（ドイツ再エネのシンクタンク「BEE」作成のものに著者が加筆した）

概念図で使用した各種の技術とその運用方法、考え方をここで紹介する。

再エネ電力⇔熱部門

- 再エネ電力を電力取引市場2.0を活用して、熱部門とカップリングしてゆくための鍵は、今後もこれまで以上に地域熱供給を整備し、そのヒートセンターにおいて下記に示した各種の取り組みを実施することである。
- Power to Heat：変動性再エネ（VRE）の供給量が増大し、電力需要が小さいタイミングでは、電力取引市場の電力価格は低下する。そうしたいわゆる余剰電力を活用して、電熱ヒーター、および電気ヒートポンプによって再エネ由来の熱を供給する
- コージェネの柔軟化された運用：これまでのコージェネ（熱併給発電）は熱が必要になるタイミングで稼働するため、電力システムにおける需給動向に関係なく発電していた。したがって、このコージェネの運用を電力取引市場とITで統合し、かつ、蓄熱タンクの容量を増大して、電力需要が高く、変動性再エネからの電力供給量が低いタイミングで、つまり電力取引市場の価格シグナルが高騰した時にコージェネを積極的に稼働させる。これは電力シ

ステムにおける柔軟化された運用である。また、こうしたコージェネは各建物毎、各戸毎に設置するわけではなく、地域熱供給のヒートステーションとして整備することが念頭に置かれている

- 地熱発電、バイオマス発電：これらの再エネ発電源における積極的な廃熱利用と、柔軟化された運用、および地域熱供給のヒートステーションとしての整備をする
- とりわけ産業部門におけるDemand Side Management（DSM）：製紙産業、アルミニウム工場など、電力消費量と熱消費量が多大な産業においては、これまで自家発電、自家発熱をして、自家消費しているのが一般的であった。これらの産業においてIoTを活用したDSMを進め、電力取引市場に連動する形で、熱も電力も電力システムに対して柔軟化された運用で工場を稼働させる。またロジスティックのセンター倉庫などにおける大量の冷熱の必要な部門でもIT活用でのDSMを進める必要がある。このコンセプトは、ドイツが進めるインダストリー4.0の中でも重要とされる対策の一つである
- Power to Gas：変動性再エネの供給量が増大し、電力需要が低下するタイミングでは、電力取引市場の電力価格は低下する。そうした安価な電力を活用して水素ガスを製造する。製造された水素ガスは、段階的に、①産業での利用、天然ガスインフラへの混入での利用、②燃料電池での利用、水素エンジンでの利用、③産業から排出されるCO_2と合成して人工メタンガスを製造し、天然ガスを代替して利用、といった順に、価格で優位性のあるものから順に活用してゆく。またこのPower to Gasプラントは、水素製造時に排熱がでるため、すでに電力と天然ガスのインフラが整っている地域熱供給のヒートステーションに整備されることが好ましい
- Gas to Power：上記で得られたガスから、電力取引市場の価格シグナルが上昇した際に（VRE：小、電力需要：大）、ガス火力として再発電する。当然、このGas to Powerも排熱利用の観点から地域熱供給のヒートステーションに整備される

再エネ電力⇔交通部門

- EVの普及による蓄電池の活用：セクターカップリングでは、乗用車の大部

分が内燃機関からEVに移行されることを前提としており、電力取引市場の価格シグナルが低下している際に（VRE：大、電力需要：小）、蓄電池を利用して再エネ電力で交通部門の多くのエネルギーを代替する。また、この蓄電池が系統に接続されているときに価格シグナルが上昇した際には（VRE：小、電力需要：大）、蓄電池から系統に電力を供給するなど柔軟化の役割も果たす

- モーダルシフト：内燃機関を利用してきた自動車移動やトラック輸送を、鉄道をはじめとする公共交通（とりわけ電車・トラムなどの電化交通手段）や自転車交通（電動アシスト自転車）などに移行して、交通部門でのエネルギー消費量を抑制する
- Power to Gas：熱部門と同じように余剰電力で水素ガスを生産し、そのガス（水素混合の天然ガス、水素ガス、人工メタンガス）を燃料とする自動車交通（とりわけバスやトラック輸送など）などで利用
- Power to Liquid：電力取引市場で価格シグナルが低下した際の安価な電力を活用し、例えば水素ガスを製造。同時にガス火力発電などから生じるCO_2と混合し、炭化水素の合成ガスを生成し、それを液化する。あるいはメタノールなどを余剰電力で生産。それらの液体燃料をとりわけ蓄電池と電気モーターの組み合わせでの代替が困難な航空燃料や船舶などの交通部門で活用する

ここで取り上げた対策のすべては、（電力取引市場とITで連動していない形で）すでに実用化されていたり、一部は経済的な観点からはまだ普及が行われていないが、すでに技術的な開発は十分に進められている既知の技術ばかりである。基本的には、こうした対策群の中から、費用対効果に優れるものから順に活用してゆくことが基本となる。

また、セクターカップリングは、その技術導入のコストが低下することも重要だが、同時に、電力取引市場における価格シグナルの高低の開きが大きくなり、その出現がある一定度以上の頻度で生じるようになればなるほど採算性は向上する。つまり、変動性再エネの継続的な進展によって需給調整の取りにくい時間帯が増加し、需要超過の際のほぼ無料の電力（マイナス価格も出現する）

を仕入れ、需給ひっ迫時の高騰したタイミングで再発電・蓄電した電気を売電することによって、各種のセクターカップリング対策が採算性を持って導入されてゆく。

　これまでの独占形態での、一極集中型、中央集権的な電力供給では、電力の需給調整が厳しくなるのを常に避ける対策を取ることで、電力供給の安定性は保たれてきた。

　しかし、次世代の電力システムでは、需給調整がある一定程度厳しい状況が常態化してはじめて柔軟化対策であるセクターカップリングが進展する。逆説的だが、セクターカップリングのみが進展しすぎると、電力システムは安定化し、電力取引市場における価格シグナルの高低差は低くなり、すでに導入した対策の採算性が失われてしまう可能性すらあるだろう。つまり、お天気任せといわれる変動性再エネの割合を持続的に増加させ続けることでのみ、原理的にセクターカップリングは進展する。こうした発想の転換が行われていることに注意する必要があるだろう。

6-2　ドイツのセクターカップリングのシナリオ（滝川薫・村上敦）

パリ協定達成には4～5倍の再エネ増産スピードが必要

　ドイツの著名な再エネ研究者で、ベルリン技術経済大学（HTW）の再生可能エネルギーシステム学科の教授であるフォルカー・クワシュニング博士は2016年、レポート『エネルギーヴェンデのためのセクターカップリング』を発表して注目を集めた。

　その内容とは、ドイツがパリ協定の目標を達成するためには、2040年までにエネルギー分野を100％再エネ化していくことが不可欠であり、それは再エネ電力の投入により、電力分野だけでなく、熱と交通の分野も脱炭素化するセクターカップリングによって実現されるとしている。

　レポートではこのような認識にもとづき、セクターカップリングで投入されうる技術を分野ごとに検討した上で、電力需要の増加量を計算し、最大限の高効率化を伴うセクターカップリングであっても電力需要が倍増するという結果に到る。そしてこれを供給するためには、太陽光と風力の設置スピードを現在の4～5倍に加速する必要があることを指摘する。以下に同レポートの概要を紹介し、最後にクワシュニング博士へのインタビューを掲載する。

　ドイツは気候温暖化について1.5℃以下に抑えることを目指すパリ協定を批准した。これをドイツが達成するためには、エネルギー部門において2040年までに再エネのみによる供給に転換し、CO_2排出量をゼロにすることが前提となる。こうした再エネへの転換が間に合わなければ、CO_2隔離貯留技術（CCS：Carbon Capture and Storage）を用いなければ目標の達成は困難となる。しかしCCS技術の利用は高コストであり、ドイツでは社会的な批判も大きく、実現を目指すのは非現実的である。

　2015年のドイツの一次エネルギー供給量に占める再エネの割合は13％である。これは、今後25年間で残りの87％を再エネで代替していかねばならないことを意味する。その際、ドイツではバイオマスや地熱、水力などのポテンシャル（賦存量）は限られているため、将来的な再エネ需要の大部分を太陽光発電

と風力発電によって賄うことになる。つまり太陽光と風力を中心とした再エネ電力によって、電力・熱・交通の分野の脱炭素化を進めなければならない。

熱分野～暖房は電気ヒートポンプ、工程熱は電気ヒーターに

　熱分野は主に暖房・給湯・工程熱の3項目に分けられ、暖房の75％、給湯の66％、工程熱の72％が現在では化石燃料で供給されている。

　暖房・給湯の脱炭素化のためには、2020年以降は石油製品やガスボイラー、ガス・コージェネの新設を禁止する必要がある。代替のためには次の5種類の熱源がある。

①バイオマス
②太陽熱
③地熱
④再エネ電力を用いた電気ヒートポンプ
⑤再エネガス（Power to Gas）を用いたガスヒートポンプ

　このうちポテンシャルが限られている①～③を最大限活用した上でも残る化石燃料の代替必要量は500TWhと計算される。これを④の再エネ電力によるヒートポンプで代替してゆく。⑤の再エネガスによるガスヒートポンプは効率の点で逆に電力必要量を増やしすぎてしまう。

　この熱需要に対してAPF3の電気ヒートポンプで代替すると、追加で必用な再エネ需要量は167TWhとなる。さらに廃熱や太陽熱を組み合わせてAPF5を達成すれば100TWhで済む。同時にこの分野では省エネ改修により、次の25年間で熱需要を30～50％低減する必要がある。このような省エネ改修で熱需要を半減した上でAPF5のヒートポンプを組み合わせると、追加の電力需要は計算上は僅か23TWhで足りる。しかしレポートでは現実的な数字として、暖房・給湯における追加の電力需要量を150TWhと想定した。

　産業の工程熱については現状で消費している347TWhの化石エネルギーを代替する必要がある。工程熱はヒートポンプ技術が適さない高温の熱が求められるためヒートポンプによる省エネ効果が期待できない。それでも排熱利用や最適化対策などによって30％の省エネを行った上で、電熱ヒーターを投入するこ

とにより、追加の電力需要量は250TWhに抑えられる。

こうして熱分野の3項目を合計した再エネ電力の追加需要量は、400TWhと計算されている。

交通分野～自動車・輸送はほぼ電化、飛行機は Power to Liquid に

　ドイツの交通分野の最終エネルギー消費量は現在730TWhであり、そのうち684TWhが化石燃料に依存している。交通分野の脱炭素化のためには、可能な限り2025年、遅くとも2030年には新車での電気自動車以外の販売が禁止される必要がある。また、この分野をバイオ燃料により脱炭素化することは不可能である。ドイツのすべての農地でバイオ燃料を生産しても、今日のディーゼル消費量ですら満たすことができない。今日生産されているバイオ燃料は、将来は脱炭素化がもっとも困難な船舶と航空の分野に投入すべきである。

　著者は交通分野の脱炭素化のために次の三つの手法を挙げている。
①Power to GasかPower to Liquidで再エネ電力から作ったガスや液体燃料を用いた内燃エンジン
②Power to GasかPower to Liquidで作ったガスや液体燃料を用いた燃料電池で再発電して動かす電気モーター
③再エネ電力を蓄電池に充電して使用したり、架線から取り入れる電気モーター

　これらの技術のエネルギー効率（燃費）には大きな差があり、それによって追加で必用となる再エネ電力の需要量が大きく異なる。
①では1kWhの再エネ電力の投入により1kmの走行が可能、
②では2kmの走行が可能、
③では5kmを走行することができる。

　このため同レポートでは、乗用車については95％を③の対策で、5％を②の対策で行うことにした。貨物輸送・バスについては70％を③の対策で、30％を②で代替する。このように組織されるならば、追加の需要量を225TWhに抑え

210

られる。なおトラック輸送では、アウトバーンなど主な長距離輸送ルートについては架線をかけてトロリー式で対応しなければならない。

　飛行機については現在104TWhの最終エネルギー消費量があるが、この３割をバイオ燃料で、残りの７割をPower to Liquidで代替することにより、追加の再エネ電力需要112TWhが生じる。

　乗用車、貨物車、飛行機などのすべてを合計すると337TWhの追加需要が発生する計算だ。

　しかし著者は、航空や輸送に用いるPower to LiquidやPower to Gasによる燃料137TWhについては、ドイツよりも再エネ生産の条件の良い（日射量の豊富な地域など）外国で作ったガスや液体燃料を輸入することを提案している。これにより国内で生産すべき、交通分野での追加の再エネ電力需要は合計200TWhと想定された。

電力分野〜太陽光と風力を大幅増産、
将来の柔軟化は蓄電池と Power to Gas で

　将来的にセクターカップリングの実現に必要な蓄電容量は、ドイツでは蓄電池とPower to Gasで構成される。また、蓄電や送電の際に発生するエネルギー損失を著者は総電力需要の約20％と見積もっている。また従来的な用途での電力分野については、省エネにより電力需要が今日の600TWhから500TWhに下がると想定している。

　前述した熱・交通分野での追加の電力需要と追加で発生する送電・蓄電損失、そして従来的な電力分野での需要を合わせた総量が、セクターカップリングによるエネルギー供給の脱炭素化に必要な再エネ電力の需要量となる。

　このシナリオで選択したようなもっとも省エネ性能の高い技術、高効率化を伴わずに市場任せでセクターカップリングを行うと、再エネ電力の需要は現在の電力需要の５倍である3000TWhにも膨らんでしまい、これを2040年までに増産することは非現実的である。とくにPower to GasやPower to Liquidを潜熱回収のガスボイラーや内燃エンジンで積極的に使おうとするとこのような結

果になる。

　したがって著者はPower to Gasを、主に再エネ電力の供給不足時に再発電するための技術として位置付けている。対して、電気ヒートポンプや電気自動車といった高効率化を行った場合には、セクターカップリング後の再エネ電力需要量は**グラフ２**のように1320TWhとなる。これは今日の電力需要の約２倍に相当し、増産が可能と見なされる量である。

　同レポートでは、1320TWhの再エネ電力需要を満たすためには、何の再エネ発電施設を、どの程度に拡張してゆく必要があるかを計算している。2040年に必要な陸上風力の設置容量は、国土面積の最大２％を利用するとして200GWである。これを達成するためには今後、毎年6.3GWの拡張が必要だ（ちなみに2016年末までにドイツの陸上風力発電は46GW設置され、設置が非常に進んだ2016年には１年間で４GW設置されている）。

　太陽光に求められる設置容量は建物上と野立てが半々ずつで合計415GWで、そのために年15GWの拡張が必要だ。野立てには国土面積の１％を利用する（ちなみに2016年末までに設置されたドイツの太陽光発電は41GWであり、最高期で年間７GWの設置が記録されたが、近年の設置量は２GW以下に停滞している）。

　バイオマスの設置容量は（燃料の賦存量がこれ以上ないので）現状を維持し、柔軟化された運用方式に変えていく。水力のポテンシャルはすでに使いつくされているため拡張はほとんどできない。残りの必要な電力需要は洋上風力で生産することになり、設置容量が最終的に79GW、年間2.9GWの拡張が必要となる（2016年末までに洋上風力はまだ４GWしか設置されていないため、これからの技術と言えるだろう）。

　季節間蓄電の必要量を抑えるためにも、夏に豊富な太陽光と冬に豊富な風力をバランス良く拡張してゆくことが重要である（**グラフ３**）。

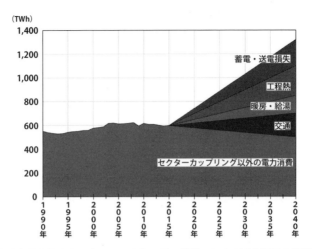

グラフ2：高効率化を伴う再エネのみのエネルギー供給における電力需要の発展
(出典："Sektorkopplung durch die Energiewende", Prof.Dr.Volker Quaschning、新エネルギー新聞67号)

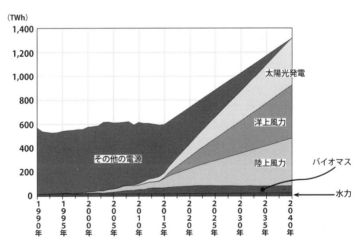

グラフ3：2040年までに温暖化目標を達成するために必要な再エネ電力の発展。高効率化を伴うケース（出典："Sektorkopplung durch die Energiewende", Prof.Dr.Volker Quaschning、新エネルギー新聞67号）

パリ協定との整合性ある再エネ拡張政策を

　近年のドイツのエネルギー政策は再エネ電力の素早い拡張にブレーキをかけてきた。現在の政策で採用されているスピードで継続するなら2040年までに一次エネルギー供給量の35％しか再エネで賄えず、100％再生可能エネルギーを達成するのは2150年となってしまう。パリ協定の目標を達成することを本気で考えるなら、再エネ電力の拡張スピードを現在の4～5倍にする必要がある。また、温暖化ガス排出量の大きな石炭・褐炭発電については、遅くとも2030年までに終了させなければならない。同時に変動性再エネの柔軟化のための系統強化、蓄電池とPower to Gasの迅速な推進も必要となる。

　著者は「今日のドイツの政策・関連法が定める目標値では、パリ協定の温暖化防止目標を達成する見込みは全くない。政治の責任者は、無知であるか、あるいは意図的に温暖化目標を無視しているのか、あるいは後からCCS技術による補正を狙っているのかのいずれかである」と批判し、パリ協定との整合性のあるエネルギー政策への軌道修正が急務であると結論している。

　レポートのリンク：

http://www.volker-quaschning.de/publis/studien/sektorkopplung/index.php

フォルカー・クワシュニング博士へのインタビュー

Q.ドイツの政治はこの調査結果に対してどのような反応を示しましたか？

　この調査では、公然の秘密に明確に言及しているため、政治家たちはやや驚いていました。現在のエネルギー政策における対策では、私たちが気候保全目標を達成するチャンスはゼロです。非常に不都合な真実です。しかし残念ながら、今のところ政治に必要な条件を変更させることには繋がっていません。

Q.セクターカップリングにより、（再エネによる）電力需要が倍増するという認識は、同テーマに関する別組織の研究でも共有されているのでしょうか？

　はい。セクターカップリングというテーマに関するすべての調査で、電力需要が大幅に上がるという結論が出ています。

Q.セクターカップリング実現のために必要な技術はすでに出揃っていますか？

基本的に揃っています。蓄電技術に関してはコストがもう少し下がる必要がありますが、これについても近年喜ばしい発展がありました。ですからエネルギー転換は、技術的や経済的な理由によって、成し遂げられないのではありません。

Q.2040年までにエネルギー分野を脱炭素化するためには、2030年には石炭・褐炭発電を終えることをレポートでは推薦されています。

パリ協定の温暖化目標を真剣に捉え、地球の温暖化を1.5℃以下に抑えたいならば、私たちのエネルギー供給は2030〜40年の間に、劇的に脱炭素化しなくてはなりません。石炭・褐炭発電は、これに関してもっとも大きな問題です。しかし石炭・褐炭発電を終えても、天然ガスがありますので、それだけでは電力はカーボンフリーになりません。ただ石炭・褐炭発電とは異なり、天然ガスは後にPower to Gasにより再エネガスで代替することができます。

Q.ドイツで今の4倍ものスピードでの再エネ拡張は可能でしょうか？政策的なツールとは？

私たちは過去20年で携帯無線とインターネットによる革命を経験しました。同じ熱心さでエネルギー転換と温暖化防止に取り組めば成し遂げることができます。政治には特に勇気が必要です。環境・健康・気候に悪影響をもたらす化石エネルギーへの助成金は止めねばなりません。おそらくそれだけで足りるでしょう。

Q.高効率化対策によって、セクターカップリング後の電力需要量はそのまま積み上げをして計算した3,000TWhから1,320TWhへと大幅に減るという結論です。その際、もっとも重要な高効率化対策とは何ですか？

主要な高効率化技術は電気自動車と電気ヒートポンプです。その他の手法と比べると消費量が1/3〜1/5になります。私たちの調査では、この二つの技術が将来の市場を制覇することを想定しています。建物の省エネ改修は重要な側面

です。しかし、限られた時間枠では奇跡は期待できません。2040年までに建物の半分を省エネ改修できれば、それだけでも良好なスタートだと想定しています。

Q.100%再エネを実現するためには、ドイツの場合、どういった蓄電設備が必要になりますか？

　ドイツでは揚水発電の蓄電賦存量は非常に限られています。バッテリーはコスト的な理由から夜間と昼間のバランスをとる用途のみで使うことが有意義です。もっとも大きな蓄電容量は将来はPower to Gasが担います。今日のガス貯蔵量だけでも、将来の年間エネルギー需要の10％を中間貯蔵できますから、すでに十分な貯蔵規模があるのです。

Q.Power to Gasは将来、本当に季節間蓄電の役割を担うようになるのでしょうか？　その運用は誰が担っていきますか？

　はい、ドイツではこの技術以外に、エネルギー転換が必要とする蓄電容量を確保できる蓄電技術が今のところありません。ドイツ全国に分散してPower to Gas設備を設置することが有意義です。ガスの貯蔵施設自体は今日すでに存在していますし、将来的にも貯蔵に関しては同じ事業者が運用してゆくでしょう。それに対してPower to Gasのガス化設備は様々なプレイヤーが設置し、運転してゆきます。制御は簡単で、市場価格のシグナルに従って運転されます。太陽光や風力の余剰電力が多い時には価格が下落し、それにより安いガスを作ることができます。そして太陽光や風力が足りない時には価格が向上し、価格が一定以上になった時にガスから再び電気を作ることになります。

Q.またレポートでは再エネガス化のエネルギー効率を65％で計算されていますが、将来的に改善する可能性はあるのでしょうか？

　Power to Gasのエネルギー効率は将来的に上がる可能性はあります。ただ私たちのレポートでは、今日の技術レベルでも再エネによる完全供給が現実的であることを示したかったのです。

Q.熱分野では2020年以降はガス・コージェネは投入すべきでないとあります。なぜですか？

今日のコージェネ設備は天然ガスで運転されており、主に熱生産のために使われています。しかし、天然ガスは代替しなくてはなりません。また、熱生産を目的としてコージェネが運転される場合、太陽光や風力が余っている時にも発電することになりますので電力システムの柔軟性を妨げます。将来にもコージェネを利用するケースは、再エネ燃料（Power to Gas）による発電を目的とした運転方法に限られます。つまりエネルギー転換においては、太陽光と風力の不足時のみにコージェネを運転します。

Q.レポートには航空交通が入っていますが、どの範囲での航空移動が含まれていますか？

私たちはドイツの統計に入っている航空交通を代替しており、これには国内航空のみが含まれています。

Q.航空交通用の燃料は国外で再エネ電力から作ったPower to Liquidを輸入すべきだとありますが？

世界には、ドイツよりも再エネ発電の条件が格段に有利な地域があります。そこでは、ドイツ国内よりも格段に安く再エネ燃料を生産することができます。また燃料は電気と比べると簡単に輸送することができます。よって経済的な理由から、交通燃料の一部をドイツ国外で生産することは有意義なことです。

写真1：本節で紹介したレポートの著者で、ベルリン技術経済大学の最エネ担当教授であるフォルカー・クワシュニング博士（©Volker Quaschning/Silke Reents）

6-3　セクターカップリングにおける課題と今後について(村上敦)

電力の需給調整の歴史

　産業革命の後、人間社会が電力という便利なエネルギー源を使用するようになった最初から、「発電」と「電力需要」のバランスを取るべくどのように組織してゆくのか、という命題に取り組んできた。電力はそのほかのエネルギー源とは異なり、貯蔵するのが困難だからだ。

　例えば1880年代〜1900年代にかけて欧州のほとんどの都市で電化が最初に進められた際、主な電力需要はガス灯やロウソクから電灯への切り替えだった。しかしそれだけでは、電力の需要が夜間だけに集中してしまう。せっかくの高価な巨大インフラ投資である石炭火力発電、あるいは大型水力発電と配電網の整備は、夜間の電灯での電力使用を主力にすることではペイすることがなかった。

　したがって、電球の普及と同時に、日中の電力の引受先として、これまでの域内交通における馬車交通から電鉄へ移行、つまり路面電車の普及がセットで開始された。電力部門と交通部門のセクターカップリングは社会に電気が普及する今から100年以上も前に、最初から行われていたのだ。数多くのドイツ・スイスなどの都市では、現在でも都市公社（シュタットベルケ）の形態で、都市の配電・電力小売り事業と公共交通事業を同一会計で処理しているが、これはその当時からの名残である。

　その後、とりわけ戦後になると家庭には三種の神器が普及し、産業・手工業でも電化がすすめられた。このことで電力を消費する規模が格段に大きくなり、発電所や配電網の整備における採算性が向上した。つまり、売上規模の拡大によって、連続稼働を前提としなくても、経済的に余裕を持つようになった発電所は、より大きな出力を確保できるようになり、電力需要に追従して運転、つまり、設備利用率をある程度低くして運用させることが可能となった。

　ただしその後、原子力発電という俊敏な出力調整が苦手な技術が開発された。原子力発電所が普及した国では、例えば休日や深夜の時間帯に電力供給が需要

を上回るようになる。したがって、そうした深夜には電動ポンプで水をくみ上げて電力を消費し、日中にその水の位置エネルギーで再発電する揚水水力発電所をセットで整備したり、深夜電力の新しい需要を作り出す必要性に迫られた。つまり、電力需要が低下する時間帯をあらかじめ設定し、その時間帯に電気を安価に販売することで（電気メーターを二つ設置することで）、深夜電気温水器や電気式の蓄熱暖房器という需要を作り出したわけだ。日本ではとりわけ、この電力部門と熱部門とのカップリングに電化調理器を追加して、ガスを使わない「オール電化」とした商品が販売され普及した。

この「オール電化」は、市場競争のない独占企業が、発電、送配電、電力の小売りという三部門の事業を一括し、中央集権的な体制の下、大まかな時間枠を指標として進められたというのがポイントであり、同時に国策でもあった原子力発電の推進を前提とするとき、合理的に機能した。

「オール電化」とは異なるセクターカップリング

一方の新しい世紀に突入してからドイツで進められようとしている「セクターカップリング」は、以前の「オール電化」の時代の電力と熱のカップリングとは、以下の点で大きく異なる。

1．発電、送配電、電力の小売りという事業部門がアンバンドリング（分割化）されている
2．この三つの事業部門は、独占が禁じられ、自由化が実施され、市場競争にさらされるようになった（送配電においては監督機関の監視下に置かれ、会計の透明性が求められるようになった）
3．また、この三事業はそれぞれが高度に進化した電力取引市場2.0を中心にしてつながっている。高度な進化とは、市場がIT化され、迅速で、大量の取引を可能とし、市場に関係するプレイヤーはリアルタイムで更新してゆく気象予測からのVREの発電量予測を手にするようになったことを指す。また、ここでの大量の取引とは、送電線の活用方法が日本ではいまだに一般的な積み上げ方式ではなく、実潮流に基づくシステムになっていることから可能とされている

4．原子力からは撤退し、変動性再エネを基幹電源に置くことにしている（優先接続、優先給電）
5．時間帯で価格設定をするのではなく、常に同時同量（15分単位で、販売した電力量と仕入れた電力量が同じにならなければならない）を義務付けられた電力の小売り事業者の市場での購買行動と、VREの発電状況によって、電力取引市場の価格シグナルが変動するようになった

　ここまで長々と説明してきたのには理由がある。このセクターカップリングは、社会で使用するエネルギーのほとんどを電力中心のシステムに移行するいわゆる「電化措置」ではあるが、一般にこれまで日本で理解されている「オール電化」という商品とは、まったく異なるものでなければならないからだ。

　例えば、ドイツにおける電力需要は通常、冬場の厳寒期の平日の午前11時ごろにかけてピークを迎える。外気温がマイナス10℃を下回るような寒波が到来すると、平日のこの時間帯の電力需要はドイツ全土で85GW程度にもなる（ただし、ドイツではガスボイラーによる暖房が一般的であり、春など気象条件が良い時でもピークは70〜80GW程度なので、外気温による差は現状、それほど大きくない）。
　このタイミングで、すべての建物が電力によるヒートポンプなどを利用して暖房するなら、今まで以上の規模の電力系統、予備力、発電出力などを整備し、確保しなければならない。つまり、日本で一般的に想像されがちな、ほとんどの建物単位で個々にヒートポンプを利用するという状況をセクターカップリングで面状に推し進めるなら、それを可能とするために莫大なインフラ投資が必要となってしまう。
　つまり、熱消費が集中する都市ではこれまで以上に地域熱供給を普及させ、暖房が必要になる厳寒期には電力需要が増大するため、地域熱供給のヒートステーション（コージェネ）で、Power to Gasによってガス化され、貯蔵されていたガスを利用して、Gas to Powerによる再発電を実施し、その排熱で暖房するというような考え方を適用してゆかなければならない。同時に、このセクターカップリングと並行して、建物における省エネ改修、断熱改修をより迅

速に実施し、そもそも外気温の変化によってエネルギー需要が大きく変動するような事態が生じない社会を実現しなければならない。

　また、平日の午前中には、電力需要が業務開始とともに70～85GWに上昇してゆくが、太陽光発電が丁度そのように発電量を増加させるのであれば問題ない。しかし曇りや雨天時にそのタイミングで、通勤に使用されたEVが一斉に蓄電をはじめるようなことも避けなければならない。

　現在開発が進められている100kW～400kWという莫大な電力を飲み込むEVの急速充電ポストが、ドイツで現在登録されている乗用車4,500万台の1％に該当する45万台分において一斉に利用されるなら、その充電ポストだけのために必要な電力需要はドイツでは前人未到の1億kW（100GW）にもなってしまう。電気自動車向けのインフラ構築のために、現在のドイツの電力最大需要をオーバーするような規模のものを整備しても、費用対効果に優れるはずがないし、VREがそのタイミングで発電しないなら、それをカバーする電力量を確保することは困難である。

　もちろん、電力取引市場の価格シグナルを受けて、電力需要が高騰するタイミングでは、数多くの駐車されているEVのバッテリーから電力供給が行われ、EVが大量普及するようになった社会での電力システムは柔軟化されているはずだ。それでも、これまでの社会のように、皆が同じ時間に、同じマイカーという交通手段で通勤を行うことを続けてゆくのは非効率的だ。将来的には今まで以上に、通勤では公共交通や自転車交通（電動アシストの普及）などへのモーダルシフトを進めたり、在宅などで勤務できるようなテレワークが広く普及するような社会も実現しなければならないだろう。

　このように「セクターカップリング」は、単なる社会のオール電化ではない。もしオール電化という理解であると、ある一定のレベルまで普及・進展した後、大きな修正を行わなければならない可能性があるだろう。

セクターカップリングを実現するために解決されるべき制度的なハードルと今後について

　また、セクターカップリングを実現してゆくためにはこれまでとは異なった発想で社会制度そのものを柔軟に変化させてゆく必要がある。例えば、電力供給量が増大し、市場に電力が余っている際に、電力システムの柔軟化を行う目的で、その余剰電力を利用して水素ガスを製造するシステムが完成したとしよう。それを運用する事業者は電力取引市場の価格シグナルを目安に、余剰電力を水素ガス化してゆくわけだが、そうして利用した電力に対しても、系統利用料金（託送料、系統整備負担金）や各種の法定料金（付加価値税、電力税、FIT/FIP賦課金など）が、今のままの制度だと発生する。

　社会的なコスト（より強力な送電線の整備、蓄電池の設置など）を減じるためのこの行為が、一般の需給バランスを無視した従来型の電力消費行為と同じに定義されて、それは平等と呼べるのだろうか？

　EVを駐車する際に、ユーザーに充電ポストへの接続を誘導したとき、そのEVはどのタイミングで充電するべきなのだろうか？　電力取引市場2.0からの価格シグナルだけでそれを誘導しようとするだけで事は足りるのだろうか？例えばすでに充電済みのEVを充電ポストに長期間接続していた時に、ある程度電力取引市場が高価なタイミング（つまりVREによる電力供給量が不足）で売電したときの売上と、ある程度割安になったタイミング（VREの電力供給が需要を超過）で電力システムを柔軟化するために電力を購入した際のコスト差は、つまりEV所有者の利益は、十分に正当なレベルの対価として得られるのだろうか？　託送料や付加価値税など各種の料金を支払っても…。

　現状のドイツの家庭用の一般的な電力小売りの平均価格29ユーロセント/kWhのうち、系統利用料金やその他の法定料金の合計は23.5ユーロセント/kWhと電力料金の実に8割を占める。実質的な電力の仕入れ価格は手数料を含めても5.5ユーロセント/kWh程度と2割に留まる。この5.5ユーロセントがEVの蓄電池から売電する際は高価な20セント/kWh、蓄電池に充電する際は安価な0セントと大幅に変化したとしても、今のままの制度であればEVを充

電ポストにつないで蓄電池を利用させたユーザーは損をすることになる。

　VREが電力消費行動と近似するような発電をするようになった陽気の日、つまり、価格シグナルがそれほど大きくは上下しない日には、系統運営者と国は大量の収入を得るが、それを調整する柔軟化のプレイヤーは大損をしてしまうことにならないだろうか？

　おそらく将来的には最新のIT制御によってこうした問題に対処できるようなプログラムは描くことが可能となるであろう。しかし、一般の国民はここまで複雑化した価格モデルを理解することができるのだろうか？　また、そうした事態に対して法律は、政治は、社会は、そもそもそうした事態を正確に理解し、フォローしてゆくことができるのだろうか？

　ここまで突き詰めたレベルの問いかけに対して、ドイツをはじめとする欧州諸国はまだ回答を持ち得ていない。つまり、単に電源構成においてVREの割合が３割や５割の段階では、まだそこまで対処する必要がないからだ。しかし、欧州諸国が電力部門だけではなく、熱部門、交通部門を含めて軒並み再エネ100％を達成するような2050年、いやそれよりも早く、あるいはそれよりも遅くにそうした時が来るのなら、その時は、その時代に示された解決法は興味深いものになっているだろう。その際には、この本の読者のうち若い誰かが、『100％再生可能！』のシリーズを引き受けて執筆してくれることに期待したい。

おわりに

　欧州の地域が主体となったエネルギー自立運動を紹介するシリーズ第三弾となる本書では、2014年〜17年までのドイツのエネルギーヴェンデの様子に主な焦点を当てている。

　企画の背景には次のような著者の想いがあった。躍動感ある再エネ増産は政策的な意図により牽制された。しかしその陰ではさなぎのように、次の大きな飛躍に向けた本質的な進化が、静かに、着実に起きている。現地の著者たちが感じているこの手応えを伝えたかった。同時に次々と現れる厳しいハードルに屈することなく、新しいビジネスモデルを生み出している地域・市民エネルギーの粘り強く、イノベイティブな姿も伝えたかった。

　また今回は、再エネ開発と自然保護の両立というテーマにも多くの頁を割いた。日本の再エネ事業者の方々に、このテーマへの関心と意識を深めて頂きたいという切な想いからである。一見新ビジネスとは関係がないようだが、日本で再エネ事業が継続、拡張していくためには改善が不可欠な側面だ。環境団体と再エネ事業者の間に、敬意に基づいた建設的な協働関係が築かれていくことを願う。

　これらの想いを背負った本書の実現にあたっては、ドイツ語圏の再エネ事業者の方々に多大なご協力を頂いた。自らのビジネスモデルや経験を惜しみなく語って下さった取材先の皆さんに心より感謝している。最後に、出版事業に踏み切って下さった新農林社取締役の井上英文さん、大量の原稿をまとめて下さった新エネルギー新聞編集記者の秋本剛さん、そして今回も美しい装丁を手掛けて下さったデザイナーの吉村雄大さんと葵フーバー河野さんに、この場を借りて御礼を申し上げたい。

著者一同代
滝川　薫

著者プロフィール

村上 敦（むらかみ あつし）　【はじめに、1章、2-1、3-1、6-1、6-2、6-3】

ドイツ・フライブルク市在住ジャーナリスト、環境コンサルタント。1971年生まれ。執筆、講演などでドイツの環境・エネルギー政策、都市計画制度を日本に紹介。持続可能なまちづくりを考えるイニシアチブ一般社団法人クラブヴォーバン代表。（www.club-vauban.net）
著書に『キロワットアワー・イズ・マネー』（いしずえ出版）、『ドイツのコンパクトシティはなぜ成功するのか』（学芸出版社）
www.murakamiatsushi.net

滝川 薫（たきがわ かおり）　【2-1、2-2-1、2-4、2-5、3-2、3-3、6-2、おわりに】

スイス・シャフハウゼン州在住ジャーナリスト、植栽設計士。1975年生まれ。
スイスとドイツ語圏地域の持続可能なエネルギー、建築、地域づくり、環境への取り組みを、執筆、視察、通訳・翻訳を通じて日本に紹介。スイスでは庭園の植栽デザインに携わる。
単著に『サステイナブル・スイス』、共著に『100％再生可能へ！』シリーズ（共に学芸出版社）、共訳に『メルケル首相への手紙』（いしずえ出版）
www.takigawakaori.com

西村健佑（にしむら けんすけ）　【5章】

ドイツ・ベルリン在住通訳・コンサルタント。1981年生まれ。
エネルギー市場や政策の調査、日本からの訪問のアレンジや通訳を行う。環境ビジネスオンライン、新エネルギー新聞ではドイツの情報を伝える記事を連載中。
著書に『海外キャリアの作り方－ドイツ・エネルギーから社会を変える仕事とは？』（共著、いしずえ出版）。

梶村良太郎（かじむら りょうたろう）　【4章】

ドイツ・ベルリン市在住　コミュニケーション・コンサルタント。1982年生まれ。
ビーレフェルト大学大学院メディア学科卒。ドイツ再生可能エネルギー機関勤務。広報、PRなどを通じて、ドイツにおける再生可能エネルギーの最新情報をマスコミ、行政、企業などに提供し、議論づくりにかかわる。
著書に『海外キャリアの作り方 ― ドイツ・エネルギーから社会を変える仕事とは？』（共著、いしずえ出版）。

池田憲昭（いけだ のりあき）　【2-2導入、2-2-2、2-3】

ドイツ・ヴァルトキルヒ市在住　日独森林環境コーディネーター。1972年生まれ。
森林や木材、グリーンインフラ、地域創生などの分野のドイツ視察セミナー開催、日独プロジェクトサポート。
日独企業向けの異文化マネージメントトレーニングも行う。
ドイツのArch Joint Vision社、日本のSmart Sustainable Solutions株式会社　代表。
www.arch-joint-vision.com

企画

MIT Energy Vision社（http://www.mit-energy-vision.com）

進化するエネルギービジネス
100％再生可能へ！ ポストFIT時代のドイツ

2018年2月27日発行
2019年7月31日第2刷

著　者―――村上敦、滝川薫、西村健佑、梶村良太郎、池田憲昭
発行者―――岸田義典
発行所―――株式会社新農林社
　　〒101-0054 東京都千代田区神田錦町一丁目十二番地三号
　　第一アマイビル
　　電話＝03-3291-3674　http://www.newenergy-news.com/
　　＜大阪支社＞
　　〒556-0016 大阪市浪速区元町一丁目三番八号
　　電話＝06-6648-9861

装　丁―――吉村雄大（合同会社スタジオ・プントビルゴラ）
印刷・製本―――本郷印刷

ⓒAtsushi Murakami, Kaori Takigawa, Kensuke Nishimura, Ryotaro Kajimura, Noriaki Ikeda
Printed in Japan
ISBN978-4-88028-095-0

本書の内容は全て著作権法上の保護下にあります。株式会社新農林社の許諾を得ずに、本書のコピー、スキャン、デジタル化などの無断複製を行うことは、著作権法上での例外である私的利用を除き禁じられています。
落丁・乱丁本はお取替えさせていただきます。